復刊 基礎数学シリーズ 11

非線型現象の数学

山口昌哉

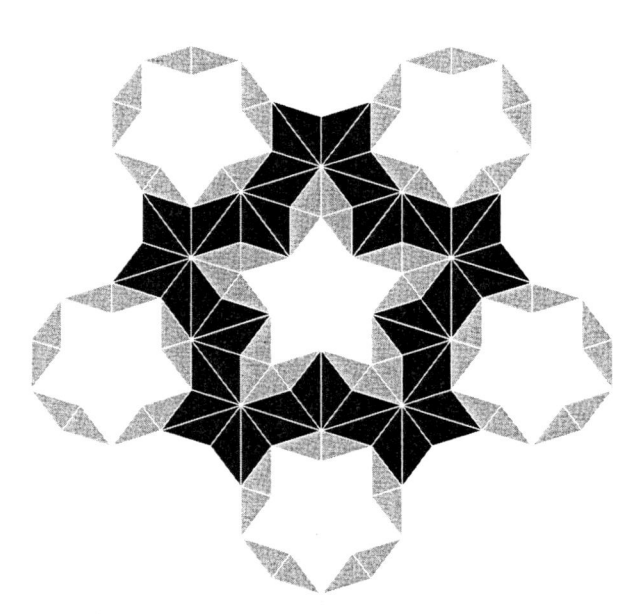

朝倉書店

小 堀　　憲

小 松 醇 郎

福 原 満 洲 雄

編集

基礎数学シリーズ
編集のことば

　近年における科学技術の発展は，極めてめざましいものがある．その発展の基盤には，数学の知識の応用もさることながら，数学的思考方法，数学的精神の浸透が大きい．理工学はじめ医学・農学・経済学など広汎な分野で，数学の知識のみならず基礎的な考え方の素養が必要なのである．近代数学の理念に接しなければ，知識の活用も多きを望めないであろう．

　編者らは，このような事実を考慮し，数学の各分野における基本的知識を確実に伝えることを目的として本シリーズの刊行を企画したのである．

　上の主旨にしたがって本シリーズでは，重要な基礎概念をとくに詳しく説明し，近代数学の考え方を平易に理解できるよう解説してある．高等学校の数学に直結して，数学の基本を悟り，更に進んで高等数学の理解への大道に容易にはいれるよう書かれてある．

　これによって，高校の数学教育に携わる人たちや技術関係の人々の参考書として，また学生の入門書として，ひろく利用されることを念願としている．

　このシリーズは，読者を数学という花壇へ招待し，それの観覚に資するとともに，つぎの段階にすすむための力を養うに役立つことを意図したものである．

はじめに

"自然は非線型である"といわれている．多くの自然現象をそのまま定量的な法則にしたとき，それは1つあるいはそれ以上の未知函数の1次より高い次数の方程式系となる．そしてそれが微分方程式系であることが多い．これをそのまま数学的に取扱おうという方法がむかしから存在する．特に振動現象については，ポアンカレを中心にいくつかの方法がある．

一方，未知函数が小さいとして見出される線型の方程式については，きわめてうつくしい一般論が構成されている．非線型現象を記述する方程式に，線型と同様な一般論は到底のぞめない．むしろ，非線型現象そのものが，いくつかのグループに分類され，そのそれぞれについては，ある程度の一般論があり，そのグループの現象については（それがあらわれる分野が異なるにもかかわらず）共通の数学的構造をもっているのである．したがってそれぞれのグループについて数学のもつ方法をのべた本は必要と考えられる．従来非線型問題とは非線型振動を意味し，それ以外の現象は，少なくともわが国では書かれていない．そこでこの本では，数理生態学，化学反応，物性論などにあらわれる常微分方程式系とそれぞれに拡散の入った場合の現象をあらわす偏微分方程式とを説明した．これらの現象は電子計算機によっても解かれつつあるので，そのように取扱いにも数学的見方をあたえるために，差分法としての考察も，いくつかの部分で述べた．

第1章は非線型と線型のちがいについて述べ，第2章では，非線型常微分方程式についての基礎を述べ，第3章，第4章では例として Vito Volterra の個体群生態学の数学的理論をくわしく紹介した．第5章では最近発展しつつある，筆者の周囲での研究例として亀高氏，三村氏の拡散をともなう場合の偏微分方程式系の研究を紹介した．この方面はやっと発展のいとぐちがつかめた程度であるが，今後大いに研究が必要な分野であると思われる．

はじめに

　終りに，本書を執筆するようおすすめ下さった小堀　憲教授，筆者との協同の研究を進めて下さった亀高惟倫，三村昌泰両氏には深くお礼をのべたい．また，多年にわたる延引で御迷惑をかけた朝倉書店編集部の各氏におわびを申し上げる．

　なお本書の命名は畏友　溝畑　茂教授による．ここに感謝の意を表したい．

1972年1月

山　口　昌　哉

目次

1. **非線型微分方程式の種々相，単独1階方程式** ………………… 1
   - 1.1 マルサスの法則（線型）………………………………………… 1
   - 1.2 特殊な非線型の場合……………………………………………… 3
   - 1.3 初期値問題の解が一意でない場合……………………………… 7
   - 1.4 成長と飽和の現象を記述する典型的な方程式………………… 9
   - 1.5 解の爆発と閾値（交配の影響を考えた個体数増加）………… 13

2. **微分方程式系の基本定理** ……………………………………… 18
   - 2.1 ペアノの存在定理………………………………………………… 18
   - 2.1 延長可能性の定理………………………………………………… 21
   - 2.3 解の一意性………………………………………………………… 24
   - 2.4 初期値問題の解の非負性………………………………………… 25
   - 2.5 初期値問題の解の漸近挙動についての注意（自律系）……… 26
   - 2.6 2次元自律系（I）………………………………………………… 28
   - 2.7 2次元自律系（II）………………………………………………… 33
   - 2.8 ベンディクソンの定理…………………………………………… 38
   - 2.9 ポアンカレの指数と特異点……………………………………… 41
   - 2.10 除外された場合について（ポアンカレの問題）……………… 53

3. **2種の生物個体群の微分方程式** ……………………………… 61
   - 3.1 同一の食物を争う2種の生物個体群…………………………… 61
   - 3.2 えじきと捕食者の関係…………………………………………… 65
   - 3.3 2種が共存する場合のその他の例……………………………… 74

4. n 種の生物個体群が共存する場合の微分方程式系 ………… 81

- 4.1 同じ食物を争う n 種の生物個体群 ………………………… 81
- 4.2 当量仮説 ………………………………………………………… 83
- 4.3 偶数個の種の個体群からなる群集 …………………………… 88
- 4.4 奇数個の種の個体群からなる群集 …………………………… 97
- 4.5 一般化と特別な3種の例 ……………………………………… 106
- 4.6 一般論，コンサーバティブな群集とディシパティブな群集 … 121
- 4.7 化学反応系の微分方程式系 …………………………………… 134

5. 非線型で拡散をともなう現象の微分方程式系 ………………… 138

- 5.1 弱い非線型と拡散の例 ………………………………………… 138
- 5.2 拡散方程式の基礎 ……………………………………………… 140
- 5.3 スカラーの非線型拡散方程式の局所解と比較定理 ………… 142
- 5.4 初期値問題の解の大局的存在と有界性 ……………………… 145
- 5.5 非線型拡散方程式の初期値問題の解の漸近挙動 …………… 159

文　　献 ………………………………………………………………… 169

索　　引 ………………………………………………………………… 171

1. 非線型微分方程式の種々相，単独1階方程式

1.1 マルサスの法則（線型）

　一定の地域に住む生物の個体群（population）を考え，その数を $N(t)$ とする．ただしこれがただ1種のものから成り立っているとしよう．そのとき，単位時間での出生率を n, 死亡率を m（出生数は nN, 死亡数は mN と近似的に求める）と仮定すると，その個体数の時間的変化は

(1.1) $$\frac{dN}{dt} = nN - mN = (n-m)N$$

となる．ここで $n-m=a$ とかいたとき, a を**マルサス係数**といい, (1.1) をかきなおした次の方程式

(1.2) $$\frac{dN}{dt} = aN$$

を**マルサス（Malthus）の法則**とよぶ．これは1階の常微分方程式である．

　上のような簡単な微分方程式の解はいわゆる初等解法で容易に求められる．今，時刻 $t=0$ での初期値を

(1.3) $$N(0) = N_0$$

とすれば，解は

(1.4) $$N(t) = N_0 e^{at}$$

として直ちにあたえられる．しかし，今，上の法則を時間間隔 h ごとに，その個体数 N^h があたえられたものとみれば，次のような差分方程式が成り立つ．時刻 nh での N^h の値を N_n^h とかくと

(1.5) $$N_{n+1}^h - N_n^h = ah N_n^h$$

である．これは1階の差分方程式であり，次のようにもかきなおせる．

(1.6) $$N_{n+1}^h = (1+ah) N_n^h$$

である．このようにしたとき (1.3) の初期値に対して (1.6) も簡単に解けて, $t=mh$ のとき，

$$(1.7) \qquad N_m{}^h = (1+ah)^m N_0$$

となる．そこで (1.2) と (1.6) および (1.4) と (1.7) の関係をしらべておこう．

今，ある導函数連続な函数 $N(t)$ が (1.2) をみたすとするとテーラー (Taylor) 展開により，

$$N((n+1)h) = N(nh) + hN'((n+\theta)h) \qquad (0 \le \theta \le 1)$$

が成立する．右辺第 2 項は (1.2) をみたすので

$$N((n+1)h) = N(nh) + ahN(nh) + ah^2\theta N'((n+\psi)h) \qquad (0 \le \psi \le 1)$$

である．これは $N(nh) = N_n$ とかけば，N_n は (1.6) を近似的にみたすことを意味している．

$$(1.8) \qquad N_{n+1} = (1+ah)N_n + O(h^2)$$

つまり，

【(1.6) は (1.2) の近似方程式】

である．一方，(1.6) の解 (1.7) は各時刻 nh であたえられているが，これを線分でむすんだ折れ線 $N^h(t)$ を

$$N^h(t) = [1+a(t-nh)]N_n{}^h, \qquad nh \le t \le (n+1)h$$

で定義すると，この折れ線（**コーシー (Cauchy) の折れ線**とよばれる）と (1.2) の解 (1.4) との関係はどうなるか？ を調べよう．

$mh = t$ として，t を固定しておくと，

$$N_m{}^h = (1+ah)^m N_0 = \left(1+\frac{at}{m}\right)^m N_0$$

は $m \to +\infty$ （または $h \to 0$）とすれば，$N(t) = e^{at}N_0$ に収束する．$N^h(t)$ についても同様である．さらに次のこともわかる．$nh < t < (n+1)h$ において，

$$\frac{dN^h}{dt} = aN^h(nh) \to aN_0 e^{at} \qquad (h \to 0)$$

が成立する．また t, t' が

$$nh < t < (n+1)h, \qquad nh < t' < (n+1)h$$

または，

$$(n-1)h < t \le nh, \qquad nh \le t' < (n+1)h,$$

$$|N^h(t)-N^h(t')|\leq 2ah\max[N^h(nh),\ N^h((n-1)h)].$$

一方，$N^h(nh)$ は $nh\leq t_0$ について有界であるから，t と t' の間に分点がいくつもある場合もふくめて $|N^h(t)-N^h(t')|\leq K|t-t'|$ が成り立つ．つまり $N^h(t)$ は**同等連続**である（この正確な定義は§2.1）．このような意味で，

　　【(1.2) の解 (1.4) は (1.6) の解 (1.7) によって近似できる】

ことが示された．

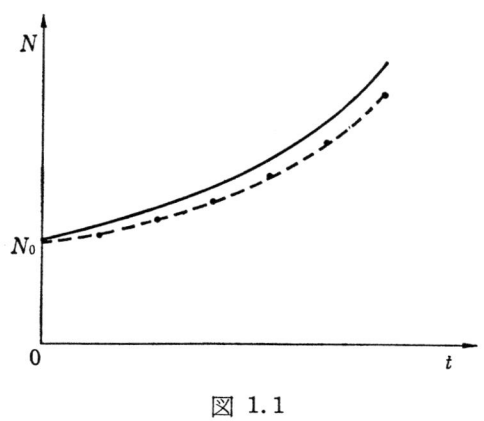

図 1.1

注1 (1.8) で示される方程式の近似を，(1.6) は微分方程式 (1.2) と**適合**であるとよぶ．これには**(1.2) が (1.6) の近似方程式である**といういい方も用いられることがある．

注2 また解 (1.7) が解 (1.4) を近似することは上のことにより
$$N^h(t)\to N(t)\quad (h\to 0,\ nh=t),$$
$$N'^h(\tau)\to N'(\tau)\quad (h\to 0,\ nh=t)\quad (t_0\leq\tau<t)$$
を意味する．ただし，τ は $N'^h(\tau)$ が存在するような τ についてのみである．

1.2　特殊な非線型の場合

次に上と同様なことを，ある特殊な非線型の方程式について試みてみよう．ここで考えるのは常微分方程式の初等解法で現われる次のクレロー (Clairaut) 型の方程式である．

$$(1.9) \qquad x = t\frac{dx}{dt} + \left(\frac{dx}{dt}\right)^2.$$

まずこの方程式を，いわゆる初等解法で解こう．まず，(1.9) の解 $x(t)$ は存在して2階まで微分可能と仮定する．

(1.9) を1回 t について微分すると，

$$\frac{dx}{dt} = \frac{dx}{dt} + t\frac{d^2x}{dt^2} + 2\frac{dx}{dt}\frac{d^2x}{dt^2},$$

$$\frac{d^2x}{dt^2}\left(t + 2\frac{dx}{dt}\right) = 0$$

である．つまり，$\frac{d^2x}{dt^2} = 0$ かまたは $t + 2\frac{dx}{dt} = 0$ でなければならない．

今，$\frac{d^2x}{dt^2} = 0$ とすると，$x(t)$ の形は c, d を定数として，$x = ct + d$ の形でなければならない．一方，(1.9) をみたすことも必要であるから，$x = ct + c^2$ でなければならない．c を任意の定数として，この直線群は (1.9) の解であることがたしかめられる．

一方，$t + 2\frac{dx}{dt} = 0$ から別の解がでる．

$$\frac{dx}{dt} = -\frac{t}{2}$$

とかけて，$x = -\frac{t^2}{4} + C$ の形でなければならない．しかしこれも (1.9) をみたす場合は $C = 0$ の場合のみとなる．よって

$$x = -\frac{t^2}{4}$$

もまた解であって，(1.9) の2階微分可能な解はほかにあり得ないことが示された．

さてこの方程式を §1.1 で述べた差分法で解いてみよう．差分化された方程式は未知函数を $x^h(t)$ とかいて

$$(1.10) \qquad x_n^h = nh\left(\frac{x_{n+1}^h - x_n^h}{h}\right) + \left(\frac{x_{n+1}^h - x_n^h}{h}\right)^2.$$

ただし $x_n^h = x^h(nh)$ である．§1.1 で N^h がみたす式 (1.6) は (1.2) の近似であったように，(1.9) の 2 階導函数まで連続な解を (1.10) に代入してみる．$nh = t$ として

$$x(nh) = nh x'((n+\theta)h) + [x'((n+\theta)h)]^2 \qquad (0 \leq \theta \leq 1),$$
$$x(t) = t x'(t) + [x'(t)]^2 + O(h)$$

となり，近似的に (1.10) をみたしていることが示される．よって **(1.10)** は **(1.9)** の近似方程式である．そこでまず (1.10) で $h = 1$ とした方程式

(1.11) $\qquad x_n^1 = n(x_{n+1}^1 - x_n^1) + (x_{n+1}^1 - x_n^1)^2$

を解こう．(1.11) についてもう一度差分をとる．$\Delta x_n = x_{n+1} - x_n$ とおくと，

$$\Delta x_n^1 = \Delta x_n^1 + n \Delta^2 x_n^1 + \Delta^2 x_n^1 + 2 \Delta x_n^1 \Delta^2 x_n^1 + (\Delta^2 x_n^1)^2,$$
$$\Delta^2 x_n^1 \{\Delta^2 x_n^1 + 2 \Delta x_n^1 + (n+1)\} = 0$$

つまり我々は 2 つの**線形**差分方程式を得る．一般に

$$\Delta^2 y + 2 \Delta y + n + 1 = 0$$

は $\Delta y = Z$ とかいて，線型 1 階差分方程式

$$\Delta Z + 2 Z + (n+1) = 0$$

を考えると，その 1 つの特解は

$$-\frac{n}{2} - \frac{1}{4}$$

であり，$\Delta Z + 2Z = 0$ の任意定数 1 つを含んだ解は

$$(-1)^n C \qquad (C \text{ は任意定数})$$

である．よって

$$\Delta y = -\frac{n}{2} - \frac{1}{4} + C(-1)^n$$

がでる．これを $x_{n+1}^1 - x_n^1 = -\dfrac{n}{2} - \dfrac{1}{4} + C(-1)^n$ として (1.11) に代入すると

$$x_n^1 = n\left[-\frac{n}{2} - \frac{1}{4} + C(-1)^n\right] + \left[-\frac{n}{2} - \frac{1}{4} + C(-1)^n\right]^2$$
$$= \left\{C(-1)^n - \frac{1}{4}\right\}^2 - \frac{n^2}{4}$$

となる．ところで (1.10) において $x^h(nh)=x_n^h$ を上と同様の方法で求めると，任意定数1つを含んだ解は

(1.12)
$$\begin{cases} x_n^h = \left\{C(-1)^n - \dfrac{h}{4}\right\}^2 - \dfrac{(nh)^2}{4}, \\ x^h(t) = \left\{C(-1)^{t/h} - \dfrac{h}{4}\right\}^2 - \dfrac{t^2}{4} \end{cases}$$

となる．一方，$\Delta^2 x_n^h = 0$ からも，もう1種類の任意定数を1つ含んだ解が発見できる．

(1.13) $$x_n^h = Cnh + C^2$$

である．ここで $nh=t$ と t を固定して (1.12) および (1.13) の解について，$h\to 0$ (または $n\to +\infty$) とすると，それが (1.9) の解 $x=-\dfrac{t^2}{4}$ および $x=Ct+C^2$ に近づくかどうかをしらべてみる．(1.13) の方は問題はなく §1.1 でやったのと同じである．(1.12) の方は $h\to 0$ のとき，2階微分可能な函数：

(1.14) $$C^2 - \dfrac{t^2}{4}$$

に収束する．つまり差分解 (1.12) は $C=0$ のときのみ，(1.9) の解

$$-\dfrac{t^2}{4}$$

に収束するのであり，$C \neq 0$ の場合 (1.14) は決して (1.9) の解でない．しかも差分方程式は (1.9) の近似方程式であった．よって**近似方程式の解は $h\to 0$ のとき必ずしももとの方程式の解に近づかない（ことがおこった）**ということができよう．また近似解 (1.12) が (1.14) に近づく近づき方をしらべておくことは興味あることである．$x^h(t)$ を (1.12) からつくった折れ線とすると，(1.14) を $x(t)$ として

$$|x^h(t)-x(t)|\to 0 \qquad (nh=t,\ h\to 0)$$

は示されるが，$x'^h(t)$（存在するところでも）は決して有界でない．(1.12) からつくった折れ線はジグザグがはげしくなりながら (1.14) というなめらかな曲線に接近するわけである．この事情は §1.1 で述べたコーシーの折れ線の場

合と根本的に異なっているわけである．このことは (1.11) のような差分方程式を $h \to 0$ として考察するいわゆる"差分法"とあくまで $\varDelta x/h$ の $h \to 0$ のときの極限が存在することを仮定してつくられている"微分法"とが両方とも無限小を取扱っていながら本質的に異なった 2 つの科学であること（G. Boole [1]*による）しかもそれが非線型の方程式でおこっていることである．

このような異常な現象がなぜおこったか？を考えてみよう．それは，(1.9) が dx/dt について 2 次であることに原因がある．もう少しくわしく述べると (1.9) は一般には

(1.15) $$F(t, x, x') = 0$$

とかけるが，この一般の形で F は，t, x, x' について偏導函数連続と仮定しよう．問題は $F_{x'} = 0$ となる場所が難しいのである（(1.9) の例では $2x' + t = 0$ の曲線である）．ここでは (1.15) が x' について一意的に解けないことに原因がある．こころみに (1.9) を x' について解くと，x' についての 2 次方程式を解いて

$$x' = \frac{1}{2}\{-t \pm \sqrt{t^2 + 4x}\}$$

となり，$x = -\dfrac{t^2}{4}$ なる解は x' が重根となってしまう場所である．

以上述べた (1.9) の方程式は，x' について 1 次でなかったこのことが，上のような困難の事柄をつくりだした原因である．

そこで以後は次のような x' については 1 次に解けているような方程式

(1.16) $$\frac{dx}{dt} = f(x)$$

について例をあげよう．(1.16) についての一般的な理論は第 2 章で述べる．

1.3 初期値問題の解が一意でない場合

一般に (1.15) の形の方程式には解が一意的に定まらないこと，つまりある

---
* p. 170 の文献番号．

t_0 での解の値 x_0 を決定してもそのような解が何本もあり得ることは，§1.2 の例をみても明らかであるが，(1.16) のような形でも $f(x)$ 連続という条件のみでは，解は今いった意味でただ一つではない．たとえば

(1.17) $$\frac{dx}{dt}=\sqrt{x}$$

において $t=t_0$ で $x(t_0)=0$ なる解はこの方程式について無限個ある．すなわち

$$x_0(t)=\frac{(t-t_0)^2}{4}$$

は上の条件をみたす解であるが

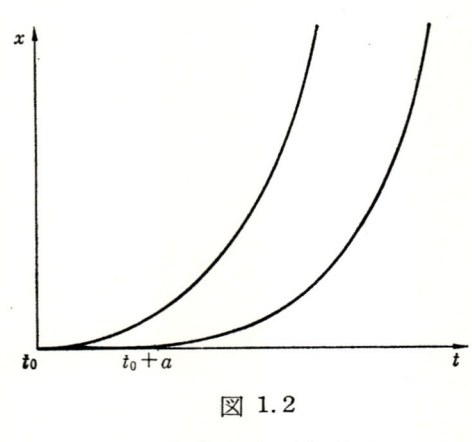

図 1.2

$$x_a(t)=\begin{cases} 0, & t_0 \leq t \leq t_0+a, \\ \dfrac{(t-t_0-a)^2}{4}, & t>t_0+a \end{cases}$$

も $0\leq a$ なるすべての a について (1.17) の解である．この場合 $x_0(t)$ を最大解，$x_\infty(t)\equiv 0$ を最小解とよぶ．

これを近似する差分方程式を考えてみよう．まず最初は §1.1 で述べたような，つなげばコーシーの折れ線になる解をもつ差分方程式（簡単のために $t_0=0$ の場合）

(1.18) $$x_{n+1}{}^h-x_n{}^h=h\sqrt{x_n{}^h}$$

がある．これを $x_0^h=0$ として解いていっても，$x_n^h\equiv 0$ であって，この場合，$x_\infty(t)\equiv 0$ という最小解が得られるだけである．

そこで差分をとるときに工夫をして次のような差分方程式をつくる:

$$(1.19) \quad x_{n+1}^h - x_n^h = \frac{h}{2}(\sqrt{x_{n+1}^h} + \sqrt{x_n^h}).$$

この差分方程式は2つの因数に因数分解できて，

$$(\sqrt{x_{n+1}^h} + \sqrt{x_n^h})\left(\sqrt{x_{n+1}^h} - \sqrt{x_n^h} - \frac{h}{2}\right) = 0.$$

これらはそれぞれ別の差分法を表わし，$x_0^h=0$, $t=0$ から出発して解くと $\sqrt{x_{n+1}^h}+\sqrt{x_n^h}=0$ からは $x_n^h\equiv 0$（つまり最小解）および同じ値から出発すれば，$\sqrt{x_{n+1}^h}-\sqrt{x_n^h}-\frac{h}{2}=0$ からは $x(t)=\frac{t^2}{4}$ に収束する（つまり最大解の近似解が得られる）．また $nh\leq a$ なる n については前者，$nh\geq a$ なる n については後者をとるとして $h\to 0$ とすると $x_a(t)$ に収束する．このように (1.19) の形の差分方程式は x_{n+1}^h に関して解かれていない差分方程式であるが，これを用いることによって，最大解にも最小解にもその他の解にもそれぞれ収束する近似解（$h\to 0$ のとき）の複数系列が得られるわけである．

以上のような差分解の構成は，もっと具体的な例に適用できる．それを次の §1.4 に述べる．

1.4　成長と飽和の現象を記述する典型的な方程式

§1.1 で述べたマルサスの法則もある意味で**成長**を記述していたが，実際に存在する成長現象の中には時間が経過するにつれて，その増加率が減り，時間が無限に経てば一定の値に収束する傾向をしめすものが多い．それを典型的に表現したものがパール(Pearl)とリード(Reed)のロジスティック方程式(logistic equation)である．これは §1.1 のマルサスの法則で増殖率（つまりマルサス係数 ε）をこれが個体数 $N(t)$ に関係して $\varepsilon - \lambda N$ となると仮定してみちびかれる次の方程式である．ここで λ は混雑定数(crowdness constant)とよぶ．

(1.20)
$$\frac{dN}{dt}=(\varepsilon-\lambda N)N.$$

この方程式は未知函数を x とかけば (1.16) の一般型に含まれるが, N について1次でないので**非線型**であるとよばれる. dN/dt については1次であるので**半線型**(semi-linear)とよぶ人もある.

この方程式は初等解法でいうところの変数分離型であるので, 次のように簡単に解ける.

今,
$$G(N)=\int_{N_0}^{N}\frac{dx}{x(\varepsilon-\lambda x)}, \qquad N_0=N(t_0)$$
とおくと
$$G(N)=\frac{1}{\varepsilon}\left[\log\frac{N}{N_0}-\log\left(\frac{\varepsilon-\lambda N}{\varepsilon-\lambda N_0}\right)\right]$$
$$=\frac{1}{\varepsilon}\log\left(\frac{N}{\varepsilon-\lambda N}\cdot\frac{\varepsilon-\lambda N_0}{N_0}\right).$$

方程式より
$$G(N)=t-t_0$$
となる.

上の式より,
$$\frac{N}{\varepsilon-\lambda N}=Ce^{\varepsilon(t-t_0)}$$
が得られるから, Nについて解くと,

(1.21)
$$\begin{cases}N(t)=\dfrac{\varepsilon Ce^{\varepsilon(t-t_0)}}{1+\lambda Ce^{\varepsilon(t-t_0)}},\\ C=\dfrac{N_0}{\varepsilon-\lambda N_0}\end{cases}$$

が初期値 $N(t_0)=N_0$ に対する解としてもとまり, これ以外にはこの初期値に対応する解は存在しない. このことは後に一般的定理(§2.1, 2.2, 2.3)で証明される.

更に C の値も計算した形は

$$N(t) = \frac{\varepsilon N_0 e^{\varepsilon(t-t_0)}}{\varepsilon + \lambda N_0 [e^{\varepsilon(t-t_0)} - 1]}$$

であり，(1.21)において $t \to +\infty$ とした場合

$$N(\infty) = \frac{\varepsilon}{\lambda}$$

という平衡値を極限値としてもつ．これのグラフは次のものである．

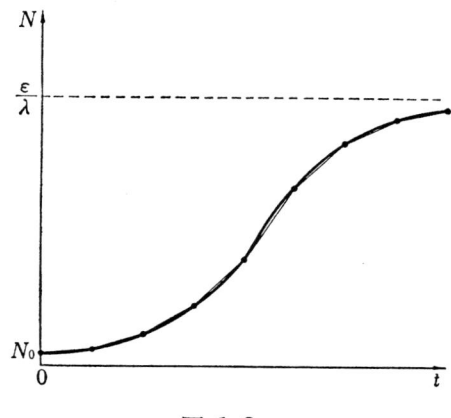

図 1.3

この形を **S字状曲線**(sigmoid)とよぶ．ある限られた地域にある生物の**個体群**(population)の数は，パールによれば指数函数的に無際限にふえるのではなく，変曲点をもち，時間が増すと平衡に近づく上の曲線で記述されるのである．

非常に興味あることは，τ を1つの時間間隔(任意に指定してよい)とするとき，上の解(1.21)は時間間隔 τ の次の差分方程式(1.22)を厳密にみたしている(近似的ではなしに)ことである．

(1.22) $$\frac{N_{n+1} - N_n}{N_n} = B[\varepsilon - \lambda N_{n+1}].$$

ただし $B = (e^{\tau\varepsilon} - 1)/\varepsilon$ である．これに生態学的な説明をつけると次のようになる．一種の生物個体群を考え，その世代を τ とすると，N_n は n 世代目の総個体数となり，$N_{n+1} - N_n$ は1世代のうちに誕生する次の世代の個体数である．よって(1.22)は 誕生率＝次代の個体数/親の代の個体数は1世代あとの個体数

つまり子孫と親をあわせた個体数と1次関係にあるというのが (1.22) の意味である [2].

(1.22) は τ を1つの時間間隔として，1つの差分方程式であり，この差分方程式は微分方程式 (1.20) の近似であり，しかも (1.20) の解は誤差0で (1.22) を満足しているわけである．(1.22) の差分解から折れ線をつくれば，各分点における折れ線上の値は，同じ初期値から出発した厳密解の値そのものである．この場合にコーシーの折れ線に対応する普通の差分法は (1.20) に対してどうなるか，それをつくってみると

(1.23) $$N_{n+1} - N_n = \tau N_n [\varepsilon - \lambda N_n]$$

であり，右辺が少しちがう．更に前に述べたような N_{n+1} に対して解けていないやり方をすると

(1.24) $$N_{n+1} - N_n = \tau N_n [\varepsilon - \lambda N_{n+1}]$$

である．(1.24) と (1.22) は，τ が小のとき非常に近いことは

$$\frac{e^{\tau\varepsilon}-1}{\varepsilon} \sim \tau$$

であることがわかる．このことから，(1.24) の方が (1.20) の近似差分解法としてすぐれていることがわかるが，それぞれを N_{n+1} に関して解くと，(1.23)，(1.24) に対してそれぞれ次の式が得られる．

(1.25) $$N_{n+1} = (1 + \varepsilon\tau - \lambda\tau N_n) N_n,$$

(1.26) $$N_{n+1} = \frac{(1+\varepsilon\tau) N_n}{1 + \lambda\tau N_n}.$$

$N_0 \geqq 0$ ならば (1.26) については $N_n \geqq 0$ がつねに保証される．(1.25) についてはそれは保証されない．このことからも (1.24) の方がすぐれていることが判明する．

これらの差分方程式は $\tau \to 0$ にして差分法として考えた場合，いずれも §1.1 のときと同じ意味すなわち，ある有限な T に対して，$0 \leqq t \leqq T$ において，先のそれぞれの折れ線を表わす函数は，分点をのぞいて，導函数とともに (1.20) の解に近づくことが証明できる．

注3 (1.20)で表わされる現象は成長過程を表わすとともに，それは飽和現象でもある．つまり初期値について，条件 $0<N_0\leqq\varepsilon/\lambda$ のときでも §1.1 のマルサスの法則では $t\to+\infty$ のとき解 $N_0e^{\varepsilon(t-t_0)}$ は無限に増大するが (1.20) では1つの平衡値 ε/λ に近づく．これを飽和とよぶ．これは非線型問題で，よくでくわす現象である．

1.5　解の爆発と閾値（交配の影響を考えた個体数増加）

今まず，交配の影響を考えよう．ある生物個体群がその数を増加するのは，単に食物が得られるというだけでなく，むしろ各個体が十分なはげしさで交配を行なうことによって新しい個体をふやしてゆくのである．処女生殖または分裂の場合をのぞけば，異性の2個体間の交配によって生殖が行なわれる．今，ボルテラ(Vito Volterra)に従って次の仮説をおく．

『個体数 N として，その性別の割合を不変として雄性のもの α，雌性のもの β，$\alpha+\beta=1$ とする．異性間の出会いの数を，$\alpha N\cdot\beta N=\alpha\beta N^2$ に比例するものと仮定し，単位時間内の n 個の出会いには m 個の新個体が誕生することにし，$n:m$ を不変とすると，単位時間内の出会いによる総誕生数は：

$$K\alpha\beta\frac{m}{n}N^2=\lambda N^2 \quad (\lambda\text{は定数})$$

となる．』

さて，上のような交配が，絶対に行なわれなかったとして，その個体数は減少するありさまは，負の係数のマルサスの法則である次の線型方程式：

$$(1.27)\qquad \frac{dN}{dt}=-\varepsilon N$$

に従うとしよう．この解は $t=t_0$ での値 N_0 とすると

$$(1.28)\qquad N(t)=N_0e^{-\varepsilon(t-t_0)}$$

である．ここで $t\to+\infty$ のときの終局の値 $N(+\infty)$ をしらべると，(1.28) の形からつねに $N(+\infty)=0$ である．つまり，どのような N_0（初期値）に対してもつねにただ**1つの平衡値 =0** をもつ．これは線型性の結果である．更に

§1.1 のときとも同じであるが，方程式 (1.1) および (1.27) には次のような**重ね合わせ**ができる．今，N_0^1 と N_0^2 を2つの初期値としよう．s を任意の数として，sN_0 に対応する (1.1) および (1.27) の解は sN であり，$N_0^1+N_0^2$ に対応する解は N^1+N^2 である．ここで N, N^1, N^2 はそれぞれ初期値 N_0, N_0^1, N_0^2 に対応する解である．簡単にいえば，初期値が2倍になれば解は2倍となるという性質である．これらの性質は**重ね合わせの原理**といって**線型方程式**に特有のものである．

次に交配の影響を入れてみよう．上にのべたように異性間の出会いによる誕生が単位時間に λN^2 おこるとすると，(1.27) をあらためて，

$$(1.29) \qquad \frac{dN}{dt}=(-\varepsilon+\lambda N)N$$

が交配の影響を入れた生物個体数の成長の方程式となる．これは，ロジスティック方程式と似ている．符号をのぞけば同じである．

その解は (1.21) と同じく，N_0 を $t=0$ の値として

$$(1.30) \qquad N(t)=\frac{N_0}{(1-h)e^{\varepsilon t}+h}, \qquad h=N_0\frac{\lambda}{\varepsilon}$$

である．この解の様子は上の定数 h（初期値 N_0 に依存している）によって次の3つに分かれる：

1) $\varepsilon-\lambda N_0=0,\quad h=1,$
2) $\varepsilon-\lambda N_0>0,\quad h<1,$
3) $\varepsilon-\lambda N_0<0,\quad h>1.$

この 1), 2), 3) の各場合に応じて $t\to+\infty$ の様子は異なってくる．こういうことは (1.29) の非線型性によっている．

まず 3) の場合をみると，$N_0>\varepsilon/\lambda$ であるが，ある時刻 t_∞

$$t_\infty=\frac{1}{\varepsilon}\log\frac{N_0\lambda}{N_0\lambda-\varepsilon}$$

に t が近づくに従って，$N(t)$ は無限大に近づき，個体数としては**爆発的**にふえる．このような現象を**解の爆発**とよぶ．このことは 1) および 2) の場合に

はおこらない．そのありさまは図1.4で示される．

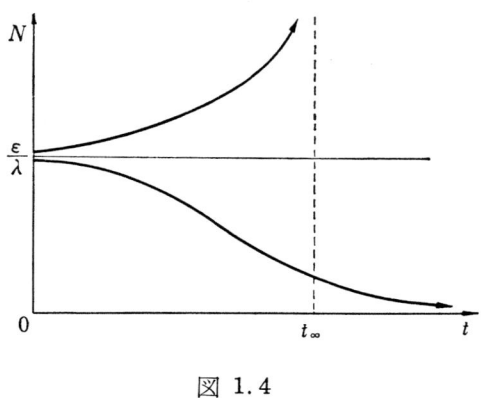

図 1.4

つまり 1) の場合 $N(t)=\varepsilon/\lambda$ がつねに成り立ち，2) の場合は $N(+\infty)=0$ となる．

上のような爆発がおこらないように方程式を修正することも考えられる．その前に1つ注意をしておこう．

注4 線型方程式 (1.27) の場合，どの初期値 N_0 から出発しても $N(+\infty)=0$ となった．ところが (1.29) の場合，初期値 N_0 が ε/λ をこえるか，こえないかでは重大な相違がおこる．つまり N_0 が ε/λ より大なら有限時間 t_0 内に爆発がおこり，N_0 が ε/λ より小ならば爆発がおこることは永久になく，それどころか $N(t)\to 0$ とへってしまう．このように1つの値 ε/λ を境に質的に解の様子が完全に異なる場合，この値を**閾値**(threshold)とよぶ．閾値の存在もまた，非線型の場合におこり得る特別な現象である．

さて，上のような爆発がおこらないようにするには，ロジスティック方程式のときのように $-\varepsilon+\lambda N$ に更に $-\mu N(\mu>0)$ をつけ加えてみるのも1つであるが，これだけでは爆発が防げない．よってもう一度交配の場合の仮定から再検討する．この節の最初で考えた仮定では誕生数 m と交配のおこる数 n を比例させたけれども，この m を $m-\rho N$ でおきかえよう．死亡も考えるわけである．このようにすれば交配による個体数への効果は

$$K\alpha\beta\frac{(m-\rho N)N^2}{n}$$

となり，r_0 を適当な定数>0 ととると，方程式は

(1.31) $$\frac{dN}{dt}=\{-\varepsilon+[\lambda-\mu]N-r_0N^2\}N.$$

これを改めて次のようにかく．

(1.31)′ $$\frac{dN}{dt}=-(c-bN+aN^2)N.$$

ここで，$c,b,a>0$ と仮定する．2次方程式

$$c-bN+aN^2=0$$

が実の2根 α,β $(\alpha>\beta>0)$ をもつと仮定すれば，方程式は

（ⅰ） $$\frac{dN}{dt}=-a(N-\alpha)(N-\beta)N$$

とかけ，積分できて，c_1 を適当な定数とすれば，

（ⅱ） $$e^{-c_1(\alpha-\beta)t}=\left(\frac{N}{N_0}\right)^{\alpha-\beta}\left(\frac{N-\alpha}{N_0-\alpha}\right)^{\beta}\left(\frac{N-\beta}{N_0-\beta}\right)^{-\alpha}$$

となる．更に上の微分方程式を微分すると，

$$\frac{d^2N}{dt^2}=-a[3N^2-2(\alpha+\beta)N+\alpha\beta]\frac{dN}{dt}=-aX\frac{dN}{dt},$$

$$X=3N^2-2(\alpha+\beta)N+\alpha\beta,$$

$$X|_{N=\alpha}>0,\quad X|_{N=\beta}<0;\quad X|_{N=0}>0$$

であるから，方程式 $X=0$ は正の根を α と β の間に1つ，0 と β の間に1つもつ，それぞれ γ,δ とすれば

（ⅲ） $$\frac{d^2N}{dt^2}=-3a(N-\gamma)(N-\delta)\frac{dN}{dt}.$$

以上（ⅰ），（ⅱ），（ⅲ）から次のように各場合が論じられる．

Ⅰ． $$N_0>\alpha,\quad \left(\frac{dN}{dt}<0,\ \frac{d^2N}{dt^2}>0\right).$$

この場合は N は減少して $N=\alpha$ に漸近する．

1.5 解の爆発と閾値（交配の影響を考えた個体数増加）

Ⅱ. $\quad \alpha > N_0 > \gamma, \quad \left(\dfrac{dN}{dt} > 0, \dfrac{d^2N}{dt^2} < 0\right).$

この場合は，N は増加して直線 $N=\alpha$ に漸近する．

Ⅲ. $\quad \gamma > N_0 > \beta, \quad \left(\dfrac{dN}{dt} > 0\right).$

この場合にも N は増加して直線 $N=\alpha$ に漸近するが，この場合には曲線はパールのＳ字状曲線の形をとる．

Ⅳ. $\quad \beta > N_0 > \delta, \quad \left(\dfrac{dN}{dt} < 0\right).$

この場合 N は減少して $N=0$ に漸近する．また $N=\delta$ のところで変曲点(inflexion)をもっている．

Ⅴ. $\quad \delta > N_0, \quad \left(\dfrac{dN}{dt} < 0, \dfrac{d^2N}{dt^2} > 0\right).$

この場合には変曲点がなくて０に収束する．

$N=\alpha$, $N=\beta$ はここで１つの平衡個体数であるが，前者は安定，後者は不安定となっている．つまり N が α と少しはずれてももとにもどるが，β の場合にははずれるばかりである．これらの α, β も閾値の例である．

2. 微分方程式系の基本定理

前の章では，いくつかの単独方程式について，その解が線型方程式と非線型方程式でどのように異なるかをみた．その中でも，非線型方程式については初期値に対して解が一意的でないものなどがあった．ここでは一般的な次の連立方程式系について，初期値問題の**解の存在**および**一意性**などを論じておこう．

u を t の函数としての未知ベクトル $(u_1,\cdots,u_n)$ とし，f は時間 t および u の函数で値がベクトル（n 次元ベクトル）であるものとする．次のような連立常微分方程式系の初期値問題を考える．

$$\text{(2.1)} \qquad \frac{du}{dt}=f(t,u),$$

$$u(t_0)=u_0 \quad \text{（初期条件）}.$$

ここで u_0 は与えられた初期値の定数ベクトルである．簡単のために $|u|=(u_1{}^2+\cdots+u_n{}^2)^{1/2}$ とかこう．また f は (t,u) のある領域で連続な n ベクトル値函数としよう．

常微分方程式系 (2.1) の**初期値問題の解**とは t_0 を含むある区間 J が存在して，そこで (2.1) の方程式をみたし，初期条件をみたす $u(t)$ で連続的に微分可能なものをいう．まず次のことに注意する．

解 $u(t)$ は次の積分方程式をみたす．

$$\text{(2.2)} \qquad u(t)=u_0+\int_{t_0}^{t} f(s,u(s))ds, \qquad t\in J.$$

逆に (2.2) の $u(t)$ は (2.1) の解である．

2.1 ペアノの存在定理

このためには，次の準備的定義と定理が必要である．

定義 1（同等連続） p 次元のユークリッド空間 R^p の集合 D で定義された函数の族 $F=\{f(x)\}$ がある．もし任意の $\varepsilon>0$ に対し，各 f に独立な $\delta(\varepsilon)>0$

という数があり，任意の $x_1, x_2 \in D$ について

(2.3) $\qquad |x_1 - x_2| < \delta(\varepsilon)$ であれば $|f(x_1) - f(x_2)| < \varepsilon$

が成り立つとき，函数族 F を D 上で**同等連続**であるとよぶ．

例1 §1.1 についてつくった差分解，(1.5) の差分方程式の解 N_n^h について，$nh < t < (n+1)h$ を線型にむすんだ折れ線を考える．T を固定して，$0 \le t \le T$ で上述の折れ線をつくり，それを $N^h(t)$ とかくと，$h \to 0$ としてこのような函数の族 $\{N^h(t)\}$ を考えると，これはそこで述べたように $0 \le t \le T$ で同等連続である．§1.4 の差分法 (1.22), (1.23), (1.24) についても全く同様である．それに反して §1.2 のとき現われた差分解についてはそれを折れ線につないだものはこの性質をもっていずにジグザクは $h \to 0$ とともにはげしくなる．また，§1.3 の差分解は上の性質をどれももつことは読者みずから試みてたしかめられたい．

定義2（同等有界） 上の定義と同じ函数族 $F = \{f(x)\}$ について，次のような各 f に無関係な正数 M が存在するとき，函数族 F は**同等有界**であるとよばれる．

(2.4) $\qquad\qquad |f(x)| \le M, \qquad x \in D.$

たとえば，第1章の各節で述べた差分解を線分でつないだ折れ線は出発点が同じものはすべて，有限時間内は同等有界である．

この2つの定義を用いると次の定理が成り立つ．

アスコリ-アルツェラの定理 今，R^p 上の有界閉集合 D で定義された函数列 $F = \{f\}$ が D 上で，同等連続，同等有界であったとする．このとき，F の部分列 $\{f_n\}$ がとれて，D 上で一様収束する．極限函数は連続である．

この証明は大かたの解析の書物にのっているので再録しない（たとえば [3] をみよ）．

これだけ準備をすれば次の局所的な存在定理が証明できる．

定理 2.1 （ペアノ(Peano)の定理） R^{n+1} 内の集合 Q は次のものとする．a, b を正な数として，

$Q : (t_0 \leq t \leq t_0+a, |u-u_0| \leq b)$ なる (t, u) の集合.

(2.1) における f は Q で連続とする. $M = \max_{(t,u) \in Q} |f(t,u)|$ とすれば, 初期値問題 (2.1) は $t_0 \leq t \leq t_0+\alpha$ において少なくとも 1 つの解 $u(t)$ をもつ. ただし $\alpha = \min\left[a, \dfrac{b}{M}\right]$ である.

証明 $u_0(t)$ はある $\delta > 0$ に対し区間 $[t_0-\delta, t_0]$ で定義され, 連続的微分可能で, $u_0(t_0) = u_0$ かつ

$$|u_0(t) - u_0| \leq b, \qquad |u_0'(t)| \leq M$$

をみたすものとする(上をみたすものなら何でもよい). この $u_0(t)$ を出発点として次のような $u_\varepsilon(t)$ をつくる. ただし $0 < \varepsilon \leq \delta$ である.

$$u_\varepsilon(t) \equiv u_0(t), \quad t \in [t_0-\delta, t_0],$$

(2.5) $\quad u_\varepsilon(t) = u_0 + \displaystyle\int_{t_0}^{t} f(s, u_\varepsilon(s-\varepsilon))ds, \quad t \in [t_0, t_0+\alpha_1],$

$$\alpha_1 = \min[\alpha, \varepsilon].$$

この $u_\varepsilon(t)$ は $[t_0-\delta, t_0+\alpha_1]$ で区分的連続的微分可能かつ

(2.6) $\qquad\qquad |u_\varepsilon(t) - u_0| \leq b$

をみたす. もし $\alpha_1 < \alpha$ であれば更に $u_\varepsilon(t)$ を $\alpha_2 = \min[\alpha, 2\varepsilon]$ ととって $u_\varepsilon(t)$ を $[t_0-\delta, t_0+\alpha_2]$ まで延長でき有限回で, $[t_0-\delta, t_0+\alpha]$ 全部で (2.5), (2.6) をみたすようにできる. 更に

(2.7) $\qquad\qquad |u_\varepsilon'(t)| \leq M \quad (t \neq t_0)$

も成立する. M は ε に無関係である. (2.6) は函数族 $\{u_\varepsilon\}$ が $[t_0-\delta, t_0+\alpha]$ 上で同等有界であることを示し, (2.7) は同等連続であることを示している. したがってアスコリ–アルツェラ (Ascoli-Arzela) の定理より, 部分列 $\{u_{\varepsilon_m}\}$ が存在するとともに連続函数 $u(t)$ が存在して,

$$u(t) = \lim_{m \to \infty} u_{\varepsilon_m}(t), \qquad [t_0-\delta, t_0+\alpha]$$

が成立し, 収束は一様である. f は u に関して連続だから, $m \to +\infty$ のとき

$$f(t, u_{\varepsilon_m}(t-\varepsilon_m)) \to f(t, u(t)).$$

この収束も $[t_0-\delta, t_0+\alpha]$ で一様である．よって，(2.5) の ε を ε_m とし ($\varepsilon_m \to 0$) とすると

$$u(t) = u_0 + \int_{t_0}^{t} f(s, u(s))ds.$$

$u(t)$ は (2.1) の解にほかならない．

今は R^{n+1} の中の1点 (t_0, u_0) から出る解のみを考えたが，このような初期データ (t_0, u_0) が1つの有界閉集合をなす場合は次の系によって一様な α がとれる． （証明終）

系 E を (t, u) のつくる R^{n+1} での開集合，E_0 はそれに含まれる有界閉集合とする．f を E 上で連続とするときに，$|f(t, u)| \leq M$ $((t, u) \in E)$ が成立すれば，E, E_0, M に依存する $\alpha = \alpha(E, E_0, M)$ が存在して，$(t_0, u_0) \in E_0$ のとき (2.1) の解が $[t_0, t_0+\alpha]$ で存在する．

証明は $(t_0, u_0) \in E_0$ の各 (t_0, u_0) に α を定理 2.1 に従ってきめれば，それは M に依存するだけであった． （証明終）

2.2 延長可能性の定理

次に上に示した解がどこまで延長（微分方程式の解でありつつ）できるかという問題を取扱う．たとえば，§1.5 で交配を考慮にいれた，個体数増加の方程式 (1.29) の初期値問題を考えると，初期値 N_0 が ε/λ より大な場合，その初期値に依存する時刻 t_∞ をこえては解は存在しない．これは (1.29) の右辺は N の連続函数であるにもかかわらずこうである．したがって一般に (2.1) の解がどこまで延長されうるかは問題である．そこで次の定理がある．

定理 2.2 （延長可能性の定理） E は (t, u) の空間 R^{n+1} の開集合とし，f はそこで連続とする．$u(t)$ はある区間 $[t_0, a_0]$ で (2.1) の解であるとすると，$u(t)$ は $(t, u(t))$ が E の境界に達するまで延長できる．

証明 $E_1, E_2, \cdots, E_n, \cdots$ を E の部分開集合とし

$$\bigcup_n E_n = E, \quad \bar{E}_n \subset E_{n+1} \quad (\bar{E}_n \text{ は } E_n \text{ の閉包})$$

とする．上の系によって，$\varepsilon_n > 0$ が存在して，$(t_0, u_0) \in \bar{E}_n$ ならば解は $t_0 \leq t \leq t_0 + \varepsilon_n$ まで存在する．

そこで n_1 を十分大にとって，$(a_0, u(a_0)) \in \overline{E_{n_1}}$ とする．$u(t)$ は系より $[a_0, a_0 + \varepsilon_{n_1}]$ まで延長できる．そのとき再び $(a_0 + \varepsilon_{n_1}, u(a_0 + \varepsilon_{n_1})) \in \overline{E_{n_1}}$ であればさらに $[a_0 + \varepsilon_{n_1}, a_0 + 2\varepsilon_{n_1}]$ まで延長できる．

このような議論は繰返して行なうことができ，$u(t)$ の延長は $t_0 \leq t \leq a_1$, $a_1 = a_0 + N_1 \varepsilon_{n_1}$, $N_1 \geq 1$ までゆく．そしてそこでは
$$(a_1, u(a_1)) \notin \overline{E_{n_1}},$$
更に n_2 を n_1 より大として，上とおなじく $N_2 \geq 1$ に到達する．$a_2 = a_1 + N_2 \varepsilon_{n_2}$. $(a_2, u(a_2)) \notin \overline{E_{n_2}}$.

このように進んで次の2つの数列
$$n_1 < n_2 < \cdots < n_i < \cdots,$$
$$a_0 < a_1 < \cdots < a_i < \cdots$$
が得られる．よって $u(t)$ は $[t_0, a)$ の上に延長が得られ
$$a = \lim_{k \to \infty} a_k, \quad (a_k, u(a_k)) \notin \overline{E_{n_k}}$$
である．$(a_k, u(a_k))$ は非有界かまたは E の境界に集積点をもつ．

次の補助定理により，$t \to a$ のとき，$(t, u(t))$ の極限が E の内部にとどまらないことを示そう．

補助定理 f は E 上で連続，E は (t, u) の空間 R^{n+1} の開集合．$u(t)$ は $t_0 \leq t < a$ で (2.1) の解とする，$a < +\infty$ とし，次のことを仮定する．

1° 数列 $\{t_k\}$ が存在して，$t_0 \leq t_k$ は a に収束し，$\lim_{k \to \infty} u(t_k) = u^0$ が存在するとする．

2° f は E と (a, u^0) の近傍の共通部分で有界である．

そのとき，
$$(2.8) \qquad \lim_{t \to a} u(t) = u^0$$
が成立する．更にもし，$f(a, u^0)$ について $f(t, u)$ が (a, u^0) でも連続であるよ

うに定義されておれば，$u(t)$ は $[t_0, a]$ で連続的微分可能で，$[t_0, a]$ で (2.1) の解となる．

証明 まず，十分小な $\varepsilon > 0$ をとり，次の集合 Q を考える．

$$Q: 0 \leq a - t \leq \varepsilon, \qquad |u - u^0| \leq \varepsilon.$$

$M(\varepsilon)$ は $Q \cap E$ での $|f(t, u)| < M(\varepsilon)$ となるものとする．k を十分大にとり，

$$0 < a - t_k \leq \frac{\varepsilon}{2M(\varepsilon)}, \qquad |u(t_k) - u^0| \leq \frac{\varepsilon}{2}$$

となるものをとる．その場合

(2.9) $$|u(t) - u(t_k)| < M(\varepsilon)(a - t_k) \leq \frac{\varepsilon}{2}$$

が $t_k \leq t < a$, の t について成り立つ．なぜなら，今これが成り立たないとすると，次のような最初の t_1 が存在する．

$$t_k < t_1 < a,$$

$$|u(t_1) - u(t_k)| = M(\varepsilon)(a - t_k) \leq \frac{\varepsilon}{2},$$

$$|u(t) - u^0| \leq \frac{\varepsilon}{2} + |u(t_k) - u^0| \leq \varepsilon,$$

$$(t_k \leq t < t_1).$$

これは $|u'(t)| \leq M(\varepsilon)$ が $t_k \leq t \leq t_1$ で成り立つことを意味する．したがって

$$|u(t_1) - u(t_k)| \leq M(\varepsilon)(t_1 - t_k) < M(\varepsilon)(a - t_k).$$

これは (2.9) が成立することを意味する．

最後の部分は $u'(t) = f(t, u(t)) \to f(a, u^0)$ よりでる． （証明終）

系 特に E が (t, u) の集合 $t_0 \leq t \leq t_0 + a (a < +\infty)$, $u \in R^n$ の場合 $u(t)$ を (2.1) の解としたとき，$u(t)$ の存在する最大範囲は $[t_0, t_0 + a]$ または $[t_0, \delta)$, $\delta \leq t_0 + a$ で $\lim_{t \to \delta} u(t) = \infty$ である．

例 §1.5 の方程式 (1.29) については $N_0 > \varepsilon/\lambda$ に対しては δ が

$$\frac{1}{\varepsilon}\log\frac{N_0\lambda}{N_0\lambda-\varepsilon}, \qquad t_0=0$$

となったのである．この場合 $a=+\infty$ である．

2.3 解の一意性

初期値問題 (2.1) について §1.3 でおこったような異常なことがおこらないためには，$f(t,u)$ がどんなものであればよいかを考える．ここでは最もよく用いられる十分条件だけを説明しておこう．

定理 2.3 (t,u) 空間 R^{n+1} において，開集合 E 上で f が次の条件（リプシッツ）をみたすような正数 L をもつとき，E 内の (t_0, u_0) から右にでる (2.1) の解はただ1つである．

$$(2.10) \qquad |f(t,u_1)-f(t,u_2)|\leq L|u_1-u_2| \qquad ((t,u_1),(t,u_2)\in E).$$

証明 (t_0, u_0) を通る2つの解があったとする．それを $u_1(t), u_2(t)$ とすれば，

$$u_1(t_0)=u_2(t_0)=u_0,$$
$$w(t)=u_1(t)-u_2(t) \quad とおけば \quad w(t_0)=0.$$

(2.2) より

$$|w(t)|=\left|\int_{t_0}^t f(\tau,u_1(\tau))d\tau-\int_{t_0}^t f(\tau,u_2(\tau))d\tau\right|.$$

(2.10) より

$$|w(t)|\leq L\int_{t_0}^t |w(s)|ds$$

を得る．ここで

$$m=\max_{t_0\leq\tau\leq t}|w(\tau)|>0$$

とおけば，

$$m\leq L\int_{t_0}^t |w(\tau)|d\tau\leq Lm(t-t_0)$$

となるから

$$m[1-L(t-t_0)] \leq 0.$$

今, $(t-t_0)$ を十分小にとると左辺は正なりで矛盾. (証明終)

注 1 初期値問題 (2.1) の解の唯一性については多くの研究があり, 中でも岡村博の結果はその必要十分条件であって, きわめて本質的な結果である[3].

注 2 上の定理のための十分条件としては $f(t,u)$ が t,u について連続であるとともに $f_u(t,u)$ が存在して連続な場合である. E として (t_0, u_0) の近傍をとる.

2.4 初期値問題の解の非負性

(2.1) の解の一意性が保証されている場合について, 後に述べる個体群生態学や化学反応論では, 初期値が非負のとき, それ以後の時間に関して解がまた非負であることを保証する必要がある. その必要十分条件をあたえる.

定理 2.4 初期値問題 (2.1) の $f(t,u) \equiv F(u)$ について, 偏微係数の連続性の仮定のもとに, 方程式が次のようにかけているとしよう: 各 i について, $u_i = 0$, $u_j \geq 0$ $(j \neq i)$, $j = 1, 2, \cdots, n$ について, $F_i(u) \geq 0$ が成立するとしよう.

$$(2.11) \qquad \frac{du_i}{dt} = F_i(u) \qquad (i=1, 2, \cdots, n).$$

$t = t_0$ で初期値 $u_{0i} \geq 0$ $(i=1,2,\cdots,n)$ ならば, 解 $u_i(t) \geq 0$ $(i=1,2,\cdots,n)$ が $t_0 \leq t$ に対して保証される. もう少しくわしくのべれば

$$u_{0i} > 0 \, (i=1,2,\cdots,n) \quad \text{ならば} \quad u_i(t) > 0 \, (i=1,2,\cdots,n),$$
$$u_{0i} \geq 0 \, (i=1,2,\cdots,n) \quad \text{ならば} \quad u_i(t) \geq 0 \, (i=1,2,\cdots,n).$$

証明 今, $u_{0i} > 0 \, (i=1,2,\cdots,n)$ とする. そのとき, はじめてどれかの i_0 について, $u_{i_0}(t_1) = 0 \, (t_0 < t_1)$ がおこったとする. $u_1(t_1) \geq 0, \cdots, u_n(t_1) \geq 0$.

$$(2.12) \qquad \frac{du_{i_0}}{dt} = F_{i_0}(u_1(t_1), u_2(t_1), \cdots, u_{i_0-1}(t_1), 0, u_{i_0+1}(t_1), \cdots, u_n(t_1)).$$

u_{i_0} 以外の $u_i(t)$ を既知とみれば, (2.12) は $u_{i_0}(t)$ に対する単独の微分方程式と考えてよい. $t = t_1$ で (2.12) の初期値問題を考えれば $F_{i_0} = 0$ なら $u_{i_0}(t)$

≡0 はただ 1 つの解である．そのとき $u_{i_00}>0$ とは矛盾する．また $F_{i_0}\neq 0$ ならば勿論矛盾．更に $u_{i_00}=0$ ならば $u_{i_0}(t_1+\varepsilon)<0$, $\varepsilon>0$ となることが一意性に反する．逆に上の条件をみたさない u_0 があれば，それを初期値とすれば矛盾を得る． (証明終)

注 3 後に述べる生物群集の個体数に関する方程式や化学反応の方程式は，(2.11) の形のものが多い．

注：一意性を仮定しないとき，この定理は成り立たない．例：$\dfrac{dx}{dt}=+\sqrt{|x|}$.

2.5 初期値問題の解の漸近挙動についての注意（自律系）

ここでは特に 2 未知函数の場合について，(2.1) の特別な場合：u,v はスカラーの未知函数で

$$(2.13)\qquad \begin{cases} \dfrac{du}{dt}=P(u,v), \\ \dfrac{dv}{dt}=Q(u,v). \end{cases}$$

ここで P,Q には時間 t が陽明的 (explicite) には含まれていないので (2.13) を**自律系** (autonomous) とよぶ．$P(u,v), Q(u,v)$ は u,v の全平面でなめらかな函数としよう．この方程式系について，$t\to+\infty$ のときの解の挙動をしらべるために必要な注意をのべる．

まず，P,Q に対するなめらかさの条件によって §2.3 における初期値問題の解の唯一性は (t,u,v) 空間 R^3 で保たれている．また §2.2 の延長可能性の定理，特にその系によって，時刻 t_0 で (u,v) 平面上のある点 (u_0,v_0) から出た解曲線 $(u(t),v(t))$ は $t\to+\infty$ のとき，(u,v) の 1 つまたは両方が大きくなることもあり，有界にとどまることもある．後者がおこった場合に次の定理がある．

定理 2.5 連立方程式 (2.13) の解 $(u(t),v(t))$ が $t\to+\infty$ または $-\infty$ のとき，1 つの点 (a,b) に近づいたとすると，そのとき

$$(2.14)\qquad P(a,b)=Q(a,b)=0$$

でなければならない．逆にもし，$t \to t_0$ のとき $(u(t), v(t))$ が (a, b) に近づいたとすると $t_0 = \pm\infty$ でなくてはならない．

証明 もし，少なくとも1つたとえば P が，$P(a, b) \neq 0$ であったとする，
$$|P(a, b)| = \eta > 0.$$
十分大な t^* をとり，$t > t^*$ に対しては，
$$|P(u(t), v(t))| = \left|\frac{du}{dt}\right| > \frac{\eta}{2}$$
とできる．今，t_1, t_2 を $t_1, t_2 > t^*$，をみたすとすれば，t' は適当な t_1, t_2 の中間値として平均値の定理より
$$|u(t_1) - u(t_2)| = |(t_2 - t_1)u'(t')| > \frac{\eta}{2}|t_1 - t_2|$$
が成立する．これは極限の存在についてのコーシーの条件に矛盾し，$\lim_{t \to +\infty} u(t) = a$ とならない．

これで前半が証明された．後半は前節で用いた論法と全く同じである．
$$\lim_{t \to t_0} u(t) = a, \quad \lim_{t \to t_0} v(t) = b, \quad P(a, b) = Q(a, b) = 0$$
であれば，もし $t_0 < +\infty$ とすると，ここで $u(t) \equiv a$, $v(t) \equiv b$ という定数解があるが (t_0, a, b) という点での解の一意性からこれ以外には (t_0, a, b) を通る解は存在しない．よって (u, v) 平面上 (a, b) から出る解の曲線は存在しない．($u_0 = a$, $v_0 = b$ のときは曲線でなく1点)．　　　　　　　　　　　　　　　（証明終）

注4 以上のことは別に2未知函数でなくても成り立つ．論法は同じである．

注5 前節で述べたように次の形の方程式の場合
$$\begin{cases} \dfrac{du}{dt} = u\varphi(u, v), \\ \dfrac{dv}{dt} = v\psi(u, v) \end{cases}$$
のとき前節の定理により，φ, ψ はなめらかな函数，**初期値が非負ならば**，解も**非負**である．また，$t \to \pm\infty$ のときの u, v の漸近値は 0 または $\varphi(u, v) = 0$, $\psi(u, v) = 0$ をみたす非負の (u, v) でなければならない．しかし $\varphi(u, v) = 0$,

$\psi(u,v)=0$ の根は必ずしも非負と限らない．したがって初期値が非負のときの，u,v の $t\to+\infty$ の極限としての平衡点をもとめるには $\varphi=\psi=0$ の**非負の根**のみを候補としなければならない．この注意は未知函数 2 以上の場合も同様である．これは後に生物群集や化学反応を取扱うときの 1 つの困難点となる．これらの現象では非負の解以外意味はない．

2.6　2次元自律系（I）

もう 1 度連立方程式 (2.13) にかえろう．

$$(2.13) \quad \begin{cases} \dfrac{du}{dt}=P(u,v), \\ \dfrac{dv}{dt}=Q(u,v). \end{cases}$$

この連立方程式系と次の単独方程式：

$$(2.15) \quad \frac{dv}{du}=\frac{Q(u,v)}{P(u,v)}$$

とはどんな関係にあるかをしらべよう．もちろん P,Q は u,v のなめらかな函数とする．$P(u,v)\neq 0$ がすべての (u,v) に対して成り立つならば (2.15) と (2.13) は同値である．つまり (2.13) の解 $(u(t),v(t))$ は (2.15) の解としての $v=v(u)$ をみたす．逆に (2.15) の解を $v=v(u)$ として，これをみたす，パラメーター t の函数 $(u(t),v(t))$ を次のように定めればよい．

$$\frac{du}{P(u,v)}=\frac{dv}{Q(u,v)}=dt.$$

一方もし，$P(u,v)$ がある u_0 に対して v の函数として恒等的に 0 の場合は，次の解

$$\begin{cases} u=u_0, \\ \dfrac{dv}{dt}=Q(u_0,v) \end{cases}$$

は (2.15) には含まれない．(2.15) はこの解に対して無意味となる．よって次のようにまとめられる．

【(2.13)の連立方程式のかわりに(2.15)を考えるとき，u, v どちらかおよびその両方が定数という解はのぞかれてしまう．】

特に重要なのは $P(a,b)=Q(a,b)=0$ となる (a,b) の場所では方程式 (2.15) については 1 点 (a,b) に近づく無限個の解があったりするが，これは (2.13) に関する一般の一意性定理と矛盾しない．これは前節に述べたように $t=\pm\infty$ に対応するのである．

以上により (2.15) についてしらべておくことは (2.13) を研究するのに必要であることも判明したので，(2.15) について基本的な例をしらべておこう．

I. **結節点**(node)の場合．

(2.16) $$\frac{dv}{du}=\alpha\frac{v}{u} \quad (\alpha>0)$$

の解は $\log|v|=\alpha\log|u|+\text{const.}$

(2.17) $$v=c|u|^{\alpha}.$$

この場合

$$v'=\pm c\alpha|u|^{\alpha-1}$$

であるので $\alpha<1$ のとき，原点を通る解曲線は無限個あり，

$$\lim_{u\to 0}v'=\infty$$

となる．つまりすべての解曲線は ($v=0$ をのぞいて) $u=0$ を原点で切線にもっており図 2.1 のようになる．

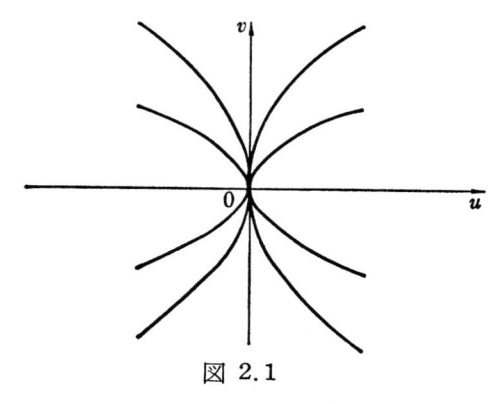

図 2.1

一方 $\alpha>1$ のときは，u と v を交換して，α を $1/\alpha$ でおきかえるならば，

原点のまわりの図は上のものを 90° 回転したものになる．いずれの場合も $u=0$ と $v=0$ は特別な方向になっている．

特に $\alpha=1$ の場合は**星型結節点**となり，原点を通る各直線が解になる．

次に $\alpha<0$ の場合を考えると事態は完全に異なる：

II．鞍状点(col)の場合

(2.17) において $\alpha<0$ の場合，$c \neq 0$ なら

$$\lim_{u \to 0} v = \infty$$

である．ここでは解曲線は $v=0$ をのぞいて原点を通過しない．$u=0$ は解曲線とはいえないかもしれないが，これはもう1つの例外方向である．様子は図 2.2 のごとくなる．

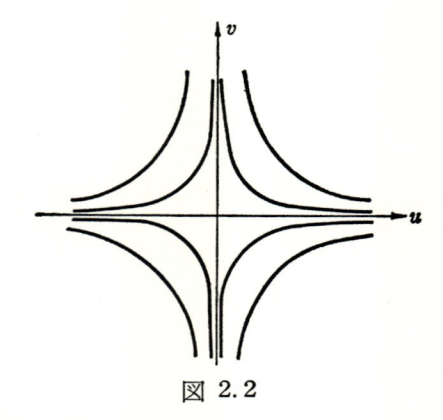

図 2.2

図 2.2 は $\alpha=-1$ の場合である．

　もう一つ特異点が結節点である重要な例は

(2.18) $$\frac{dv}{du} = \frac{u+v}{u}.$$

これは，$v=uz$ とおき，(2.18) をかきなおすと

$$u\frac{dz}{du} + z = 1 + z,$$

$$\frac{dz}{du} = \frac{1}{u},$$

$$z = \log|u| + \text{const}$$

となり

(2.19) $$v = u(\log|u| + c)$$

が解である. $\lim_{u \to 0} v = 0$, $\lim_{u \to 0} v' = -\infty$. その様子は図2.3のようである.

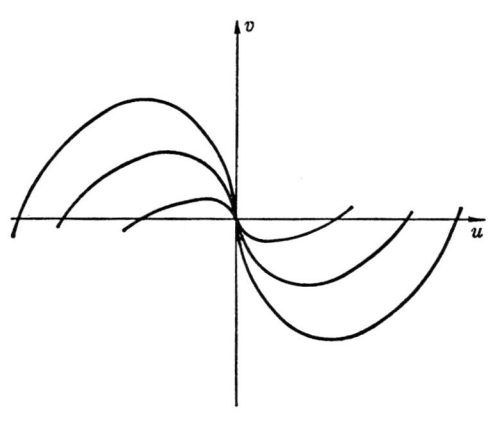

図 2.3

この場合 v 軸のみが例外方向となる.

III. 渦状点(focus)の場合.

上の場合と完全に異なる場合は次の方程式である:

(2.20) $$\frac{dv}{du} = \frac{u + av}{au - v}.$$

この場合は原点を極として極座標を導入する.

$$u = \rho\cos\theta, \quad v = \rho\sin\theta,$$

$$\rho^2 = u^2 + v^2, \quad \theta = \tan^{-1}\frac{v}{u},$$

$$\rho\frac{d\rho}{du} = u + v\frac{dv}{du}, \quad \rho^2\frac{d\theta}{du} = u\frac{dv}{du} - v,$$

$$\frac{d\rho}{d\theta} = \rho\frac{u + vv'}{uv' - v},$$

$$\frac{d\rho}{d\theta} = a\rho, \quad \log\rho = a\theta + \text{const},$$

(2.21) $$\rho = ce^{a\theta}.$$

$a \neq 0$ の場合，解曲線は対数渦線であって $\theta \to -\infty$ または $\to +\infty$ に従って ($a>0$ または $a<0$ に従って) 原点にまきつく．このような点を**渦状点**(focus)とよぶ．

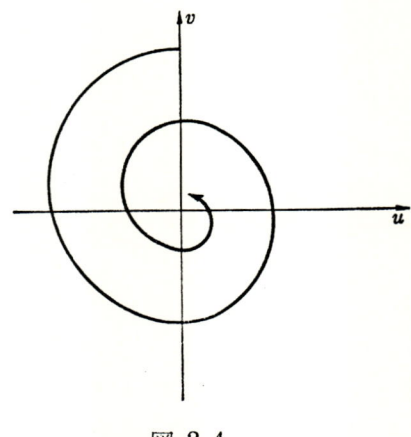

図 2.4

IV. 渦心点(center)の場合．

(2.20) において $a=0$ ならば少し事情が異なり，

(2.22) $$\frac{dv}{du} = -\frac{u}{v}.$$

この解曲線は原点のまわりの円である．

(2.23) $$u^2+v^2=c.$$

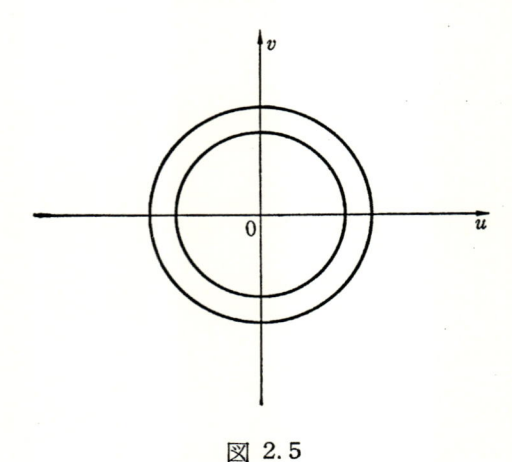

図 2.5

この場合，原点は**渦心点**（center）とよぶ．

2.7　2次元自律系 (II)

ポアンカレ(Poincaré)が研究したのは(2.13)の場合であり，$P(0,0)=Q(0,0)=0$ のとき，$(0,0)$ の近傍で解がどのような行動をとるかを，$P(u,v), Q(u,v)$ は解析的であるという仮定のもとにしらべた．その場合解の $(0,0)$ の近傍での行動は次の簡単化された方程式系の解とほぼおなじであるのでそれをまずしらべる．

$$(2.24) \quad \begin{cases} \dfrac{du}{dt} = Au + Bv, \\ \dfrac{dv}{dt} = Cu + Dv, \end{cases}$$

$$P_u(0,0) = A, \quad P_v(0,0) = B, \quad Q_u(0,0) = C, \quad Q_v(0,0) = D.$$

前節に述べたように，これには次の方程式も考える．

$$(2.25) \quad \frac{dv}{du} = \frac{Cu + Dv}{Au + Bv}.$$

更に $AD - BC \neq 0$ と仮定する．λ_1, λ_2 を線型変換：

$$(2.26) \quad \xi = \alpha u + \beta v, \quad \eta = \gamma u + \delta v \quad (\alpha\delta - \beta\gamma \neq 0)$$

によって，(2.24)を

$$(2.27) \quad \frac{d\xi}{dt} = \lambda_1 \xi, \quad \frac{d\eta}{dt} = \lambda_2 \eta$$

にかえるものとする．(2.25)に対応する方程式は

$$(2.28) \quad \frac{d\eta}{d\xi} = \frac{\lambda_2 \eta}{\lambda_1 \xi}$$

となる．

結局上の λ_1, λ_2 は次の行列

$$(2.29) \quad \begin{bmatrix} A & C \\ B & D \end{bmatrix}$$

の固有値であり，$\alpha:\beta$ および $\gamma:\delta$ はそれぞれに対応する固有ベクトルであ

る．(2.29) の固有値は方程式:

(2.30) $$\begin{vmatrix} A-\lambda & C \\ B & D-\lambda \end{vmatrix}=0$$

つまり，$\lambda^2-(A+D)\lambda+AD-BC=0$ の根つまり

(2.31) $$\lambda_1, \lambda_2 = \frac{1}{2}[(A+D)\pm\sqrt{(A-D)^2+4BC}]$$

である．

　i）$(A-D)^2+4BC>0$ と仮定すると，λ_1, λ_2 は相異なる 2 つの実数である．

$$\alpha=C, \quad \beta=\lambda_1-A, \quad \gamma=C, \quad \delta=\lambda_2-A$$

ととれば (2.24) は (2.27) に (2.25) は (2.28) にかわる．

　今，更に $C\neq 0$ と仮定すれば $\alpha\delta-\beta\gamma=(\lambda_2-\lambda_1)C\neq 0$ である．よって次の結論を得る（前節の結果により）．

　【判別式 $(A-D)^2+4BC>0$ ならば，$AD-BC$ の正負に従って原点 $(0,0)$ は**結節点**または**鞍状点**である．】

　ii）$(A-D)^2+4BC<0$ と仮定すると，この場合 2 つの複素根 λ_1, λ_2 がある．

$$\lambda_1=\mu+i\nu, \quad \lambda_2=\mu-i\nu$$

とかくと，μ, ν は実数で $\nu\neq 0$．(2.26) は

$$\begin{cases} \xi=Cu+(\mu-A+i\nu)v, \\ \eta=Cu+(\mu-A-i\nu)v \end{cases}$$

であるが，次の実変換がよい．

(2.32) $$\begin{cases} X=Cu+(\mu-A)v, \\ Y=\nu v \end{cases}$$

として，

(2.33) $$\xi=X+iY, \quad \eta=X-iY$$

を行なうと，

$$\frac{dX}{dt}+i\frac{dY}{dt}=(\mu X-\nu Y)+i(\nu X+\mu Y),$$

$$\frac{dX}{dt}-i\frac{dY}{dt}=(\mu X-\nu Y)-i(\nu X+\mu Y),$$

(2.34)
$$\begin{cases} \dfrac{dX}{dt}=\mu X-\nu Y, \\ \dfrac{dY}{dt}=\nu X+\mu Y. \end{cases}$$

(2.25) に対応するものは $a=\mu/\nu$ にとって，正に前節の (2.20) である．

(2.35)
$$\frac{dY}{dX}=\frac{X+aY}{aX-Y}.$$

結局：

　【判別式 $(A-D)^2+4BC<0$ の場合には，原点 $(0,0)$ は $A+D\neq 0$ なるとき，渦状点であり，$A+D=0$ のとき渦心点である．】

注：$A+D=0$ から $\mu=0$ がでる．

iii) 最後に判別式 $(A-D)^2+4BC=0$ の場合がのこる．この場合，

(2.36)
$$\lambda_1=\lambda_2=\frac{1}{2}(A+D)$$

である．まず B または C が 0 でないと仮定しよう（$C\neq 0$ とする）．この場合には i), ii) における $\alpha,\beta,\gamma,\delta$ は発見できないが，$\alpha:\beta$ を次のようにきめられる．

(2.37)
$$\alpha=C, \quad \beta=\lambda_1-A=\frac{1}{2}(D-A).$$

変換の1つ $\xi=\alpha u+\beta v$ により，

(2.38)
$$\frac{d\xi}{dt}=\lambda_1\xi.$$

γ,δ を適当にとって，

(2.39)
$$\frac{d\eta}{dt}=\lambda_1(\xi+\eta)$$

とすればよい．これは前と同じように，

(2.40) $$\begin{cases} (A-\lambda_1)\gamma + C\delta = \lambda_1\alpha, \\ B\gamma + (D-\lambda_1)\delta = \lambda_1\beta \end{cases}$$

という係数行列式＝0 の連立方程式を解けばよい．

今，$A \neq D$, $\beta \neq 0$ のときは，左辺の γ, δ の係数の共通の値：

$$\frac{A-\lambda_1}{B} = \frac{C}{D-\lambda_1}$$

は右辺の比に等しいことから，γ, δ をきめられる．また $A=D$ ならば ($B=\beta=0$) であるから，(2.40) の第2式は恒等的に成立する．よってたとえば

$$\gamma = 0, \quad \delta = \frac{\lambda_1 \alpha}{C} = \frac{1}{2}(A+D)$$

ととれば，目的が達せられる．よって変換は

(2.41) $$\begin{cases} \xi = Cu - \frac{1}{2}(A-D)v, \\ \eta = \frac{1}{2}(A+D)v \end{cases}$$

として，

$$C \neq 0, \quad \frac{1}{4}(A+D)^2 = \lambda_1^2 = AD - BC \neq 0$$

より $\frac{1}{2}(A+D)C \neq 0$ となり，変換 (2.41) は正則 (non-singular)，よって (2.25) に対応するものは，

(2.42) $$\frac{d\eta}{d\xi} = \frac{\xi + \eta}{\xi}$$

となり，この場合は結節点となる．η-軸のみ例外方向となる（前節をみよ）．

次に $B=C=0$ の場合になるが，その場合 $A=D$ となり，方程式 (2.25) 自体が

$$\frac{dv}{du} = \frac{v}{u}$$

となり，原点は星型結節点となる．

2.7 2次元自律系（Ⅱ）

結果を整理すると：

【方程式
$$\frac{dv}{du}=\frac{Cu+Dv}{Au+Bv}$$
において，$AD-BC \neq 0$ で原点は特異点であって，その種類は次のように分類される：

$$\begin{cases} (A-D)^2+4BC>0 \begin{cases} AD-BC>0 & \text{結節点} \\ AD-BC<0 & \text{鞍状点} \end{cases} \\ (A-D)^2+4BC<0 \begin{cases} A+D \neq 0 & \text{渦状点} \\ A+D=0 & \text{渦心点} \end{cases} \\ (A-D)^2+4BC=0 \quad \text{結節点,} \\ \qquad A=D,\ B=C=0 \text{ のとき，そ} \\ \qquad \text{のときにかぎり星型結節点}\end{cases}$$
】

注6 鞍状点であることをたしかめるには，
$$AD-BC<0$$
のみ，たしかめれば十分．なぜなら，そのとき
$$(A-D)^2+4BC=(A+D)^2-4(AD-BC)>0.$$

注7 鞍状点および結節点の2つの例外方向のかたむきは，次の2次方程式の根である，
$$B\mu^2+(A-D)\mu-C=0.$$
これから
$$\frac{dv}{du}=\mu=\frac{v}{u}$$
とおけばよい．

注8 最後まで除外されている場合 $AD-BC=0$ については，方程式(2.25)は，$\dfrac{dv}{du}=k$ となる．原点は特異点ではない．

2.8 ベンディクソンの定理

ここで，今までの簡単化された方程式系 (2.24) と (2.13) というもとの方程式系との関係について，古くにベンディクソン (Bendixon) の証明した定理をのべよう．

定理 2.6 (2.13) に現われる $P(u,v), Q(u,v)$, は (u,v) についてなめらかな函数とし，$P(0,0)=Q(0,0)=0$ と仮定しよう．更に P, Q が次の形にかけたと仮定しよう：

$$(2.43) \quad \begin{cases} P(u,v)=H(u,v)+F(u,v), \\ Q(u,v)=K(u,v)+G(u,v). \end{cases}$$

ここで $H(u,v), K(u,v)$ は $m\,(m\geqq 1)$ 次の同次の斉次多項式であって，実の共通因数 ($au+bv$; a,b は実数) をもたないものとする．また，F, G については

$$(2.44) \quad \lim_{\rho\to 0}\frac{F(u,v)}{\rho^m}=0, \quad \lim_{\rho\to 0}\frac{G(u,v)}{\rho^m}=0 \quad (\rho=\sqrt{u^2+v^2})$$

が成り立ち，そのうえ次の $m+1$ 次斉次多項式 $M(u,v)$ が恒等的には0ではない：

$$(2.45) \quad uK(u,v)-vH(u,v)=M(u,v).$$

以上の仮定のもとに，

【$t\to\pm\infty$ のとき，$\rho(t)\to 0$ となるような (2.13) の解曲線については，$(0,0)$ が渦状点として近づくかまたは，定まった1つの切線（u-軸となす角 θ_0）の方向をもって原点に近づく．それ以外の可能性はない．θ_0 は次の方程式

$$(2.46) \quad M(\cos\theta_0, \sin\theta_0)=0$$

できまる．】

証明 このことを示すためには，極座標

$$u=\rho\cos\theta, \quad v=\rho\sin\theta$$

を用いる．

$$\theta=\tan^{-1}\frac{v}{u}, \quad \rho^2=u^2+v^2$$

2.8 ベンディクソンの定理

とすると,
$$\rho \frac{d\rho}{dt} = u\frac{du}{dt} + v\frac{dv}{dt}, \qquad \rho^2 \frac{d\theta}{dt} = u\frac{dv}{dt} - v\frac{du}{dt}$$
を用いて (2.13) を変形して,
$$\begin{cases} \rho \dfrac{d\rho}{dt} = uH(u,v) + vK(u,v) + uF(u,v) + vG(u,v), \\ \rho^2 \dfrac{d\theta}{dt} = uK(u,v) - vH(u,v) + uG(u,v) - vF(u,v) \end{cases}$$
となり, (2.13) は次の形に変形できる.

(2.47) $$\begin{cases} \dfrac{1}{\rho^m} \dfrac{d\rho}{dt} = \Phi(\theta) + \chi_1(\rho, \theta), \\ \dfrac{1}{\rho^{m-1}} \dfrac{d\theta}{dt} = \Psi(\theta) + \chi_2(\rho, \theta). \end{cases}$$

ここで,

(2.48) $$\begin{cases} \Phi(\theta) = H(\cos\theta, \sin\theta)\cos\theta + K(\cos\theta, \sin\theta)\sin\theta, \\ \Psi(\theta) = K(\cos\theta, \sin\theta)\cos\theta - H(\cos\theta, \sin\theta)\sin\theta \\ \qquad = M(\cos\theta, \sin\theta). \end{cases}$$

また, 一様に
$$\lim_{\rho \to 0} \chi_1(\rho, \theta) = 0, \qquad \lim_{\rho \to 0} \chi_2(\rho, \theta) = 0$$
が成立する.

なぜなら,
$$\chi_1(\rho, \theta) = [F(\rho\cos\theta, \rho\sin\theta)\cos\theta + G(\rho\cos\theta, \rho\sin\theta)\sin\theta]\rho^{-m},$$
$$\chi_2(\rho, \theta) = [G(\rho\cos\theta, \rho\sin\theta)\cos\theta - F(\rho\cos\theta, \rho\sin\theta)\sin\theta]\rho^{-m}$$
だから仮定による.

今, ある (2.13) の解曲線 $(u(t), v(t))$ が $t \to +\infty$ のとき $(0,0)$ に近づいたとする. つまり,
$$\lim_{t \to +\infty} \rho(t) = \lim_{t \to +\infty} \sqrt{u(t)^2 + v(t)^2} = 0,$$
つまり, 任意の $\varepsilon > 0$ に対し, t_1 を十分大にとると

$$0<\rho(t)<\varepsilon \quad (t>t_1)$$

となる．今このことを (θ,ρ) 平面でみれば，t_1 を十分大とすると，$t>t_1$ なる t に対しては，$\rho=\varepsilon$ という直線と $\rho=0$ という直線にはさまれた帯に $(\theta(t),\rho(t))$ が入っており，$t>t_1$ であるかぎりそこにとどまることである．θ の方がどうなるか，それが問題である．$\theta(t)$ は $t\to+\infty$ のとき，きまった θ_0 という極限をもつか，または $\pm\infty$ に行ってしまうかのどちらかである．なぜならその両方でないとすると，何個かの集積値，$\theta_1,\theta_2,\cdots$ をもつ．一方，$\Psi(\theta)$ は恒等的に 0 でなかった（周期函数だから $0\leq\theta\leq2\pi$ のみ考えればよい）．$0\leq\theta\leq2\pi$ の間には $\Psi(\theta)=0$ となる θ は高々 $2m+2$ 個しかない．よって，今上の集積値の 1 つをとったとして，それを θ_1 とすると，θ_1 の任意の近くに $\theta'<\theta_1<\theta''$ をとって $\Psi(\theta')\neq 0$，$\Psi(\theta'')\neq 0$ とできる．今，ε を十分小にとれば，$\Psi(\theta)\neq 0$ なる場所では $d\theta/dt$ の符号は $\Psi(\theta)$ の符号と同じである．そこで $d\theta/dt$ の符号が θ' と θ'' とで同じとすれば，いちおう θ'' をこえてふえた $\theta(t)$ （または θ' をこえてへった $\theta(t)$）は二度と θ_1 に近づかないから，θ_1 が $t\to+\infty$ のときの集積値であることに矛盾する．また，θ' と θ'' とで Ψ の値が正と負であれば，いったん $[\theta',\theta'']$ に入った $\theta(t)$ は二度と外へでないので θ_1 はただ一つの集積値となり，$\theta_2,\theta_3,\cdots$ などは存在し得ない．

次にこのような θ_1 を θ_0 とすると θ_0 は $M(\cos\theta,\sin\theta)=0$ の根であることを示す．つまり第 1 の場合のような θ_0 をもつとき，

$$\lim_{\rho\to 0}\frac{dv}{du}=\lim_{\rho\to 0}\frac{K(u,v)+G(u,v)}{H(u,v)+F(u,v)}$$

$$=\lim_{\rho\to 0}\frac{K(\cos\theta,\sin\theta)+\rho^{-m}G}{H(\cos\theta,\sin\theta)+\rho^{-m}F}=\frac{K(\cos\theta_0,\sin\theta_0)}{H(\cos\theta_0,\sin\theta_0)}.$$

よって

$$\tan\theta_0=\frac{K(\cos\theta_0,\sin\theta_0)}{H(\cos\theta_0,\sin\theta_0)}.$$

以上によって，渦状点であるか，きまった切線方向をもつ点となるかどちらかであることが示された． （証明終）

注 9 上の定理の仮定がみたされた場合，$\Psi(\theta)=0$ という方程式が実根をもたないと仮定すると，原点に近づくすべての解曲線は渦状に $(0,0)$ に近づく．

注 10 上の定理の仮定がみたされた場合，また 1 つの解曲線が $t\to+\infty$ のとき原点に，あるきまった切線方向をもって近づくならば，他の原点に近づくすべての解曲線も $t\to+\infty$ のときその方向もその切線方向に近づく．

注 11 上と同じ仮定のもとに $\Psi(\theta)$ の値の符号がかわるならば，いかなる解曲線も渦状に原点に近づくことはない．また，原点に近づく解曲線は一定の切線方向から近づく．

注 12 上の定理の仮定のうち，$M(\cos\theta,\sin\theta)\not\equiv 0$ がみたされない場合，つまり $\Psi(\theta)\equiv M(\cos\theta,\sin\theta)\equiv 0$ のとき，原点からはいかなる方向にも解曲線がでることができる．たとえば §2.6 の星型結節点 $\alpha=1$ などはそうである．

2.9 ポアンカレの指数と特異点

前節での定理を特に $m=1$ の場合にのみ考察しよう．これによって (2.13) と (2.24) の解析とが結びつけられる．

方程式系 (2.13) の $P(u,v), Q(u,v)$ は次の 3 つの条件をみたすと仮定する．

ⅰ) $P(u,v), Q(u,v)$ は原点の近傍で連続かつ u または v についてリプシッツ条件をみたす．

ⅱ) A, B, C, D を定数として，

$$(2.49) \quad \begin{cases} P(u,v)=Au+Bv+F(u,v), \\ Q(u,v)=Cu+Dv+G(u,v). \end{cases}$$

ここで $F(u,v), G(u,v)$ は次の条件を一様にみたす．

$$(2.50) \quad \lim_{\rho\to 0}\frac{F(u,v)}{\rho}=0, \quad \lim_{\rho\to 0}\frac{G(u,v)}{\rho}=0.$$

ⅲ) $Au+Bv$ と $Cu+Dv$ は比例しない．つまり

$$(2.51) \quad AD-BC\neq 0.$$

更に $\varDelta=(A-D)^2+4BC=0$ の場合には (2.50) を少し強い条件：

(2.52) $$\frac{F(u,v)}{\rho^{1+\varepsilon}}, \frac{G(u,v)}{\rho^{1+\varepsilon}} \text{ が有界} \quad (\rho\to 0)$$

という条件でおきかえる．

以上の仮定 i），ii），iii）のもとに，ポアンカレ(Poincaré)による次の量を導入する．

$\boldsymbol{i},\boldsymbol{j}$ を u 軸および v 軸方向の単位ベクトルとして，次のようなベクトル場 $\boldsymbol{v}$ を考える．

$$\boldsymbol{v}=P(u,v)\boldsymbol{i}+Q(u,v)\boldsymbol{j}.$$

このベクトル場がおかれた (u,v) 平面における単一閉曲線 γ を考え，γ に次のような整数 n を対応させる．γ をその正の方向に1回まわったとき，その上にある $\boldsymbol{v}$ が一定方向となす角の増分を 2π で割った商を n とする．(この場合 γ は決して，P,Q の特異点はよぎらないものとする，したがって γ 上で $\boldsymbol{v}=0$ となることはない)．この n を閉曲線 γ に対する**ポアンカレの指数**とよぶ．

上の定義から，n は正負または 0 の整数である．

注 13 もし今 $\boldsymbol{v}$ の特異点1個をかこんで γ があったとし，γ 内にはそれ以外の特異点が存在しないとすると，γ を連続的に小さくして，この特異点に収束させたとき，それぞれの γ に対するポアンカレの指数は一定である．よってこれを，その特異点に対するポアンカレの指数とよぶ．

注 14 γ の中に有限個の特異点があったとすると，γ のポアンカレの指数はその γ にかこまれる特異点のポアンカレの指数の和となる．

上のような仮定のもとには，方程式 (2.49) および，(2.51) は原点の近傍 (u,v) と (P,Q) 平面の原点の近傍が $1:1$ 連続対応をしていることを意味する．よって (P,Q) 平面での十分小な半径の原点中心の円の逆写像により (u,v) 平面の原点をかこむ単一閉曲線 γ が対応し，その内部には原点以外の特異点はない．この場合，原点 $(0,0)$ のポアンカレの指数 n は $+1$ または -1 であって，回転の方向が (u,v) 平面と一致するか，反対であるかによって符号は正または負となる．

いいかえれば，この場合 $(0,0)$ のポアンカレの指数 n は，

(2.53)
$$n=\operatorname{sgn}\left\{\frac{\partial(P,Q)}{\partial(u,v)}\right\}=\operatorname{sgn}(AD-BC).$$

よって，§2.7 の簡単化された方程式については，特異点が鞍状点のとき -1，結節点，渦状点，渦心点の場合 $+1$．

最後の2つの場合，
$$(A-D)^2+4BC=(A+D)^2-4(AD-BC)<0$$
から，
$$AD-BC>0$$
となる．

また，

【任意の閉解曲線にかこまれる領域内には，鞍状点でない特異点が少なくとも1つ存在する．】

なぜなら，$\boldsymbol{v}$ はつねに解曲線と接している（方向も同じである）．よってポアンカレ指数は $+1$ となる．鞍状点があってただ1つのときは -1 となり矛盾．

特異点の研究（i） 結節点の場合．
$$(A-D)^2+4BC>0, \qquad AD-BC>0.$$

方程式
$$\begin{vmatrix} A-\lambda & C \\ B & D-\lambda \end{vmatrix}=0$$

は2つの相異なる実根をもつのでそれを λ_1, λ_2 とする．これらは符号が同じである．必要なら $t\to -t$ にかえ，または番号をかえることにより，

(2.54)
$$0<\lambda_1<\lambda_2$$

と仮定する．§2.7 で述べたと同じ変換により，

(2.55)
$$\frac{d\xi}{dt}=\lambda_1\xi+F_1(\xi,\eta), \qquad \frac{d\eta}{dt}=\lambda_2\eta+G_1(\xi,\eta)$$

となる．

この場合，前節で用いた，Φ, Ψ は

$$\Phi(\theta) = \lambda_1 + (\lambda_2 - \lambda_1)\sin^2\theta, \qquad \Psi(\theta) = \frac{1}{2}(\lambda_2 - \lambda_1)\sin 2\theta.$$

そこで極座標を導入すると,

(2.56)
$$\begin{cases} \dfrac{1}{\rho}\dfrac{d\rho}{dt} = \lambda_1 + (\lambda_2 - \lambda_1)\sin^2\theta + \chi_1(\rho, \theta), \\ \dfrac{d\theta}{dt} = \dfrac{1}{2}(\lambda_2 - \lambda_1)\sin 2\theta + \chi_2(\rho, \theta). \end{cases}$$

ここで χ_1, χ_2 は $\rho \to 0$ のとき, 一様に 0 となる函数である. 次のことがいえる:

【十分に原点の近くにきた解曲線は $t \to -\infty$ のとき, いくらでも原点に近づきうる.】

つまり ρ_0 十分小ならば, 解にそって $\rho(t) \to 0$ $(t \to -\infty)$ ということである.

なぜなら, (2.54) より
$$\lambda_1 \leqq \lambda_1 + (\lambda_2 - \lambda_1)\sin^2\theta \leqq \lambda_2.$$

よって, もし ρ^* が正の数で, $\rho < \rho^*$ ならば,
$$|\chi_1(\rho, \theta)| < \frac{\lambda_1}{2}$$

とする. (2.56) の最初の式から, $|\rho_0| \leqq \rho^*$ ならば $(\rho_0 = \rho(t_0))$,
$$\frac{\lambda_1}{2} < \frac{1}{\rho}\frac{d\rho}{dt} < \lambda_2 + \frac{\lambda_1}{2} < \frac{3\lambda_2}{2},$$
$$\frac{\lambda_1}{2} < \frac{d\log\rho}{dt} < \frac{3\lambda_2}{2}.$$

よって $t < t_0$ ならば:
$$\frac{\lambda_1}{2}(t - t_0) > \log\rho - \log\rho_0 > \frac{3\lambda_2}{2}(t - t_0),$$

(2.57) $\qquad \rho_0 e^{\lambda_1/2(t-t_0)} > \rho > \rho_0 e^{3\lambda_2/2(t-t_0)}.$

$t \to -\infty$ となると, $\lim\limits_{t \to -\infty} \rho = 0.$

ベンディクソンの定理, 注 11 により, $\Psi(\theta)$ は符号一定ではあり得ないことをたしかめる: たとえば,

2.9 ポアンカレの指数と特異点

$$\Psi\left(\frac{\pi}{4}\right) = \frac{1}{2}(\lambda_2 - \lambda_1) > 0, \qquad \Psi\left(\frac{3\pi}{4}\right) = -\frac{1}{2}(\lambda_2 - \lambda_1) < 0$$

これは $(0,0)$ が 2 つの方向を例外方向とした結節点であることを意味する.

次に (2.51) は成立するけれども,

(2.58) $$\varDelta = (A-D)^2 + 4BC = 0$$

が成立するとする.

この場合は重根で $\lambda_1 = \lambda_2 > 0$ と仮定すると同時に $\boldsymbol{A-D} \neq \boldsymbol{0}$ も仮定する.

前にもちいた変換 (2.41) を用いて, 系は

(2.59)
$$\frac{d\xi}{dt} = \lambda_1 \xi + F_2(\xi, \eta),$$
$$\frac{d\eta}{dt} = \lambda_1(\xi + \eta) + G_2(\xi, \eta)$$

に変換される. ここで極座標を導入することによって,

(2.60)
$$\begin{cases} \dfrac{1}{\rho}\dfrac{d\rho}{dt} = \lambda_1\left(1 + \dfrac{1}{2}\sin 2\theta\right) + \chi_1(\rho, \theta), \\ \dfrac{d\theta}{dt} = \lambda_1 \cos^2\theta + \chi_2(\rho, \theta). \end{cases}$$

χ_1, χ_2 は $\rho \to 0$ のとき一様に 0 に収束する関数である.

今, $\rho^* > 0$ を十分小にとって,

$$|\chi_1(\rho, \theta)| < \frac{1}{4}\lambda_1 \qquad (0 < \rho < \rho^*)$$

とすると,

$$-\frac{3}{4}\lambda_1 < \frac{1}{2}\lambda_1 \sin 2\theta + \chi_1(\rho, \theta) < \frac{3}{4}\lambda_1.$$

よって (2.60) の第 1 式より,

(2.61) $$\frac{1}{4}\lambda_1 < \frac{1}{\rho}\frac{d\rho}{dt} < \frac{7}{4}\lambda_1.$$

$\rho_0 < \rho^*$ として, $\rho(t_0) = \rho_0$ なる t_0 をとれば,

(2.62) $$\rho_0 e^{\lambda_1/4(t-t_0)} > \rho > \rho_0 e^{7\lambda_1/4(t-t_0)} \qquad (t < t_0).$$

よって $t \to -\infty$ のとき $\rho(t) \to 0$ となる.

しかし，この場合 (2.60) の第2の方程式を取扱うためには困難が生じる．それはたとえばペロン(Perron)の示した例では，

$$\frac{dx}{dt}=-x+\frac{y}{\log\rho}, \quad \frac{dy}{dt}=-y-\frac{x}{\log\rho}$$

は，$A=-1, B=0, C=0, D=-1, \Delta=0$ であるにもかかわらず，原点は渦状点である．そこで (2.50) では制限が足りないので，(2.52) または上の (2.60) で

(2.63) $$\chi_2(\rho, \theta)=o[(\log\rho)^{-2}] \quad (\rho\to 0)$$

をおけば，上のようなことはおこらず原点は結節点になる．

それを示すためにはまず，$\sin^2\theta\leq\theta^2$ に注意して，(2.60) の第2の式は

$$\frac{d\theta}{dt}=\lambda_1\sin^2\left(\theta\pm\frac{\pi}{2}\right)+\chi_2(\rho, \theta)$$

とかける．h を十分小なる正数として，上の条件 (2.63) より，ρ を $\bar\rho<\rho^*$ なる $\bar\rho$ より小としておけば，

$$\frac{d\theta}{dt}<\lambda_1\left(\theta\pm\frac{\pi}{2}\right)^2+\frac{h}{\log^2\rho}.$$

一方，(2.61) の不等式より，$\frac{d\rho}{dt}>\frac{1}{4}\lambda_1\rho$ であるから，

$$\frac{d\theta}{d\rho}<\frac{1}{\rho}\left[4\left(\theta\pm\frac{\pi}{2}\right)^2+\frac{4h/\lambda_1}{\log^2\rho}\right],$$

つまり

$$\frac{d(\theta\pm\pi/2)}{d\rho}<\frac{1}{\rho}\left[4\left(\theta\pm\frac{\pi}{2}\right)^2+\frac{a}{\log^2\rho}\right].$$

ここで

$a=4h/\lambda_1,$ h は $\rho\to 0$ のとき任意に小さくとれる

から，a もそうできる．よって，

$$\frac{d\phi}{d\rho}=\frac{1}{\rho}\left[4\phi^2+\frac{a}{\log^2\rho}\right]$$

を考えてみる．この方程式は

$$\phi = \frac{b}{\log \rho}$$

という $\rho \to 0$ のとき 0 に近づく特別な解をもつ, b と a とは

(2.64) $$4b^2 + b + a = 0$$

という関係で結ばれている.

一般に微分可能な函数 $Y(x)$ が, ある区間で次の不等式

$$\frac{dY}{dx} < f(x, Y)$$

をみたすならば,

【そのグラフは唯一度だけ, またきまった方向のみに, 次の微分方程式の解曲線 $y(x)$ をよぎる: $y' = f(x, y)$】

なぜなら,

$$x = x_0 \text{ で } y = Y = y_0 \text{ とせよ,}$$

$$\frac{d}{dx}(Y-y)\bigg|_{x=x_0} = \frac{dY}{dx}\bigg|_{x=x_0} - f(x_0, y_0) < 0.$$

よって連続函数 $Y-y$ は x が x_0 をこえてふえるとき, ＋から－へかわるのみである.

以上のことからたとえば, $b = -1/8$ ととると, $a = 1/16$ となって, 極座標で表わされた次の2つの曲線

$$\theta = \frac{\pi}{2} - \frac{1}{8\log\rho}, \qquad \theta = -\frac{\pi}{2} - \frac{1}{8\log\rho}$$

は図 2.6 のようである.

(2.60) の解はこの曲線を ρ が減少して 0 に近づくとき, 一度より多くよぎることはない. またそのよぎる方向は図の矢印の方向のみである. 一方, $\Psi(\theta) = \lambda_1 \cos^2\theta$ であって, $\theta = \pm\frac{\pi}{2} + 2n\pi$ のとき以外は正である. (2.60) の第2の方程式における $d\theta/dt$ は十分小な ρ の値に対しては $\Psi(\theta)$ と同符号であるので, t がふえたとき, θ もふえる.

原点を通るすべての直線について, 原点の近くの部分は解曲線によって正の

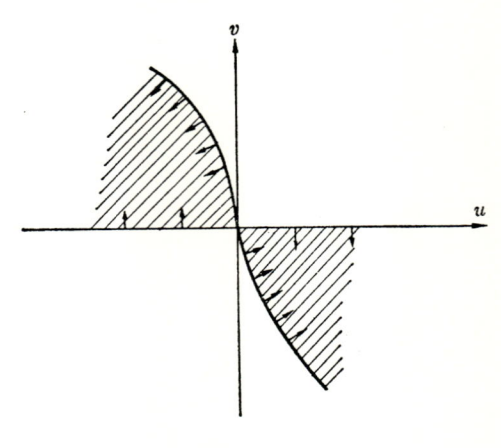

図 2.6

方向に切られる．今，特に $\theta=0$ と $\theta=\pi$ のところをみると，u 軸の上では，$\rho<\bar{\rho}$ としたとき，$\bar{\rho}$ 十分小として
$$|\chi_2(\rho,\theta)|<\lambda_1$$
ととっておくと，解曲線は図 2.6 の中の矢印の方向となる（ただし t は減少する方向にとる）．このことは $t\to-\infty$ としたとき，一度上の斜線の部分に入った解曲線は二度とここから出ないことがわかり，原点は渦心点とはなり得ない．よって結節点でしかあり得ない．

次に $A-D=0$ したがって $BC=0$ の場合，次の3つの場合に分けられる．

　　（イ）$B=0$, $C\neq 0$；　　（ロ）$B\neq 0$, $C=0$；　　（ハ）$B=C=0$.

しかしはじめの2つの場合は $A-D\neq 0$ のときの，変数変換が (2.41) ではなく $Cu=A\xi$, $v=\eta$ または $Bv=D\eta$, $u=\xi$ とすればよい．最後の（ハ）の場合には
$$H(u,v)=Au,\qquad K(u,v)=Av$$
となるので，ベンディクソンの定理 2.6 での $M(u,v)\equiv 0$ となり $\Psi(A)\equiv 0$, $\Phi(\theta)\equiv A\neq 0$ となる．そこで極座標を導入して，

$$(2.65)\qquad \frac{1}{\rho}\frac{d\rho}{dt}=A+\chi_1(\rho,\theta),\qquad \frac{d\theta}{dt}=\chi_2(\rho,\theta)$$

を導く，χ_1, χ_2 は前と同じ性質をもっている．ただし χ_2 は (2.52) の条件のもとに．

$$(2.66) \qquad \chi_2(\rho,\theta)=\rho^\varepsilon \chi_2{}^*(\rho,\theta)$$

とかけ，$\chi_2{}^*(\rho,\theta)$ は $\rho\to 0$ のとき連続である．

そこで (2.65) の式を $r=\rho^\varepsilon$ を用いてかくと，第1式は

$$\frac{1}{\varepsilon\rho^\varepsilon}\frac{dr}{dt}=A+\chi_1(\rho,\theta).$$

そこで第2式も用いて r と θ の微分方程式をかくと，

$$(2.67) \qquad \frac{d\theta}{dr}=\frac{\chi_2{}^*(r^{1/\varepsilon},\theta)}{\varepsilon[A+\chi_1(r^{1/\varepsilon},\theta)]}.$$

これはもう $r=0$ に特異点をもたない方程式であり，θ に関してはリプシッツをみたす．基本定理により任意の $\theta=\theta_0$, $r=0$ に対して解 $\theta(r)$ がただ一つある．（任意に定めた方向 θ_0 を $r=0$ のときとる．）

以上のことから，

【$A+D>0$ のときは不安定な結節点で $A+D<0$ のとき安定結節点である．】

(ii) 渦状点および鞍状点の場合

$$(2.68) \qquad (A-D)^2+4BC<0$$

の場合，2根 λ_1,λ_2 は複素共役になり

$$\lambda_1=\mu+i\nu, \qquad \lambda_2=\mu-i\nu,$$

$$\begin{cases} X=Cu+(\mu-A)v, \\ Y=\nu v \end{cases}$$

という変数変換により，(2.13) は

$$(2.68)' \qquad \begin{cases} \dfrac{dX}{dt}=\mu X-\nu Y+F_1(X,Y), \\ \dfrac{dY}{dt}=\nu X+\mu Y+G_1(X,Y) \end{cases}$$

と変えられ，更に極座標 ρ,θ を導入して，

$$(2.69) \qquad \begin{aligned} \frac{1}{\rho}\frac{d\rho}{dt} &= \mu+\chi_1(\rho,\theta), \\ \frac{d\theta}{dt} &= \nu+\chi_2(\rho,\theta) \end{aligned}$$

となる．ただし，χ_1, χ_2 は $\rho \to 0$ のとき一様に0に収束するものである．

ここで $\mu > 0$ と仮定すれば，$t \to -\infty$ のとき，(2.69) の第1式から，原点の近傍では $\rho \to 0$ となることが示される．実際，もし，ρ^* が，$\rho^* > \rho$ に対して $|\chi_1(\rho, \theta)| < \frac{1}{2}\mu$ を保証するように小さいとき，

$$(2.70) \qquad \frac{1}{2}\mu < \frac{1}{\rho}\frac{d\rho}{dt} < \frac{3}{2}\mu$$

から明らかにでる．しかしこの場合は前述の場合と反対に，

【$t \to -\infty$ のとき，解曲線は原点をまわる渦線(spiral)となる．】

なぜなら $\Psi(\theta) = 0$ が，実根をもたない，ベンディクソンの定理の注9により，そうなる．

最後に $A+D=0$ の場合であるがこの場合はきわめてデリケートであることは次の例でわかる．

例 次の2つの連立方程式

$$(\alpha) \begin{cases} \dfrac{du}{dt} = v + 2v^3, \\ \dfrac{dv}{dt} = -u - 2u^3, \end{cases} \qquad (\beta) \begin{cases} \dfrac{du}{dt} = v + u(u^2+v^2), \\ \dfrac{dv}{dt} = -u + v(u^2+v^2). \end{cases}$$

この例の α では原点は渦心点となり，β では原点は渦状点となる．ともに1次の項は同じであることに注意されたい．そのことは次のようにして判明する．α については，次の微分方程式

$$(u+2u^3)du + (v+2v^3)dv = 0$$

の解は，$u^2+u^4+v^2+v^4 = c$ なる閉曲線の族 $c \geqq 0$ である．渦心点であることは明らか．β については極座標でかけば

$$\frac{d\rho}{d\theta} = -\rho^3$$

であるので解は

$$\rho^2 = \frac{1}{2\theta+c}.$$

原点は明らかに渦状点である.

そこでこの場合のデリケートな解析を次節にまわして，**鞍状点**の場合をすませよう．次の不等式の成立する場合である．

(2.71) $\qquad (A-D)^2+4BC>0, \qquad AD-BC<0.$

先に結果を述べれば，この条件と (2.50) によって，簡単化された方程式 (2.25) と同じ結果が成立する．(2.55) を極座標によってかきかえて，

(2.72) $\qquad \begin{cases} \dfrac{1}{\rho}\dfrac{d\rho}{dt}=\lambda_1\cos^2\theta+\lambda_2\sin^2\theta+\chi_1(\rho,\theta), \\ \dfrac{d\theta}{dt}=\dfrac{1}{2}(\lambda_2-\lambda_1)\sin 2\theta+\chi_2(\rho,\theta). \end{cases}$

第2の方程式については，ほとんど上の場合にいったのと同様であるが，第1の方程式は新しいものである．つまり $d\rho/dt$ の符号がかわりうるわけである．今，$\lambda_1<0, \lambda_2>0$ と仮定しよう．

$$\lambda_1\cos^2\theta+\lambda_2\sin^2\theta$$

は $\theta=\pm\alpha$ を境に符号をかえる．α はここで

(2.73) $\qquad \tan\alpha=\sqrt{-\dfrac{\lambda_1}{\lambda_2}}$

の根である．上の第1の式に ρ^2 をかけて，もとの座標にもどすと，

$$\rho\dfrac{d\rho}{dt}=(\lambda_1+\chi_1)\xi^2+(\lambda_2+\chi_1)\eta^2.$$

そこで，$\lambda_1+\chi_1=-\mu_1^2, \lambda_2+\chi_1=+\mu_2^2$ とおくと

$$\rho\dfrac{d\rho}{dt}=(\mu_2\eta-\mu_1\xi)(\mu_2\eta+\mu_1\xi).$$

よって，$d\rho/dt=0$ になる曲線は原点の十分近くで，2つの曲線に分離される．

(2.74) $\qquad \mu_2\eta-\mu_1\xi=0, \qquad \mu_2\eta+\mu_1\xi=0.$

これをそれぞれ c_1, c_2 と名づける．それぞれの曲線に沿って原点に近づいたとき，それが ξ-軸となす傾きは

$$\pm\lim_{\rho\to 0}\dfrac{\mu_1}{\mu_2}=\pm\sqrt{-\dfrac{\lambda_1}{\lambda_2}}$$

である．十分原点に近いところでは c_1 は第1と第3象限にあり，c_2 は第2，第4象限にある．どちらも2つの軸は除外され，角 θ のうごく範囲は

c_1 上で $\quad \kappa<\theta<\dfrac{\pi}{2}-\kappa \quad$ または $\quad \pi+\kappa<\theta<\dfrac{3\pi}{2}-\kappa,$

c_2 上で $\quad \dfrac{\pi}{2}+\kappa<\theta<\pi-\kappa \quad$ または $\quad \dfrac{3\pi}{2}+\kappa<\theta<2\pi-\kappa.$

κ は0と $\dfrac{\pi}{4}$ の間の適当な角である．一方，$\varPsi(\theta)=\dfrac{1}{2}(\lambda_2-\lambda_1)\sin 2\theta$ は上の θ の範囲でそれぞれ正の最小値，負の最大値をとる．よって，ρ を十分小な $\bar{\rho}$ より小ときめると $\chi_2(\rho,\theta)$ は小となり，

$$c_1 \text{ 上で } \quad \frac{d\theta}{dt}>0, \quad c_2 \text{ 上で } \quad \frac{d\theta}{dt}<0$$

となる．このことは t 増大に対して，解の曲線は c_1, c_2 上でつねに原点からの半径に対して直交し，そこで $d\rho/dt=0$ であることを意味する．以上のことからその様子は図2.7になる．

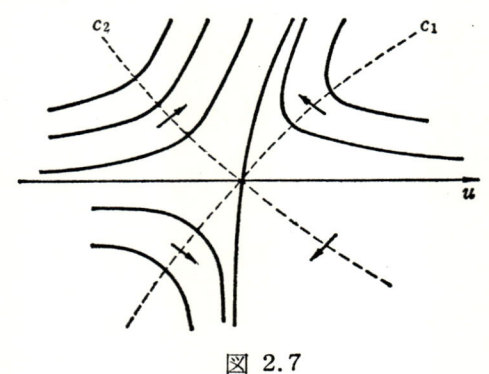

図 2.7

原点は正に鞍状点である．

以上のことをまとめると次のようになる．

【§2.9の最初に述べた仮定 i)，ii)，iii) のもとに，$u=v=0$ の近傍での微分方程式

$$(*) \qquad \frac{dv}{du}=\frac{Q(u,v)}{P(u,v)}$$

の解の行動は，一般に $P_u(0,0)=A$, $P_v(0,0)=B$, $Q_u(0,0)=C$, $Q_v(0,0)$

$=D$ として簡単化された方程式

(**) $$\frac{dv}{du}=\frac{Cu+Dv}{Au+Bv}$$

の解の原点の近傍での行動と（下に述べる除外例以外は）同じである．除外された場合は

$$\varDelta=(A-D)^2+4BC<0,\qquad A+D=0$$

の場合で（**）は渦心点をもつが，（*）は渦状点またはそれ以外にもなりうる．また

$$\varDelta=0$$

の場合には (2.52) の条件のもとに原点は結節点になる.】

2.10　除外された場合について（ポアンカレの問題）

少し考えをかえて，次のように2変数の函数 $f(u,v)$ によってつくられる閉曲線：

(2.75) $$f(u,v)=c$$

を考えよう．$f(u,v)$ がなめらかな函数の場合，(2.75) がしめす閉曲線がみたす微分方程式は

$$f_u(u,v)du+f_v(u,v)dv=0.$$

または $f_v(u,v)\neq 0$ のとき，

(2.76) $$\frac{dv}{du}=-\frac{f_u(u,v)}{f_v(u,v)}.$$

これと一般の方程式 (2.15) とのちがいはどれほどであろうか．f には十分ななめらかさを仮定してあることによって

$$f_{uv}(u,v)=f_{vu}(u,v)$$

が成り立つ．このことは (2.15) に関していえば

$$P_u+Q_v=f_{uv}-f_{vu}=0.$$

これは正に原点でいえば除外された場合：

$$A+D=P_u(0,0)+Q_v(0,0)=0$$

の場合である．

よって (2.76) に対応する原点付近の様子は一般に $f(x,y)$ が原点で極大または極小になる場合であり，それは (2.15) についてはきわめて例外的な場合にあたるのである．そこで次の方程式を考えよう．（この形で十分一般であることは (2.68)' の式で $\mu=0$ となることでわかる．)

$$(2.77) \qquad \frac{dv}{du} = -\frac{u+p(u,v)}{v+q(u,v)}.$$

これを**ポアンカレの問題**とよぶ [4]．ここで $p(u,v), q(u,v)$ は u,v の i 次の多項式と仮定しよう：

$$p(u,v) = p_2(u,v) + \cdots + p_i(u,v),$$
$$q(u,v) = q_2(u,v) + \cdots + q_i(u,v).$$

ここで，$p_j(u,v), q_j(u,v)$ は u,v の j 次の斉次多項式としよう，一方，$f(u,v)=c$ は閉じた代数曲線であるとしてその形を

$$f(u,v) = u^2 + v^2 + f_3(u,v) + \cdots + f_k(u,v)$$

とし，

$$f_j(u,v) = A_{j0}u^j + A_{(j-1)1}u^{j-1}v^1 + \cdots + A_{0j}v^j$$

とし，A_{jl} は次のようにして決定されるものとしよう．$f(u,v)=c$ を微分方程式でかいて，

$$\frac{dv_1}{du} = -\frac{f_u(u,v)}{f_v(u,v)} = -\frac{2u+f_{3u}(u,v)+f_{4u}(u,v)+\cdots}{2v+f_{3v}(u,v)+f_{4v}(u,v)+\cdots}$$

とし，これと (2.77) とを比較するのである．

(2.78)

$v' - v_1' =$

$$\frac{-(u+p_2+p_3+\cdots)(2v+f_{3v}+f_{4v}+\cdots) + (v+q_2+q_3\cdots)(2u+f_{3u}+f_{4u}+\cdots)}{(v+q(u,v))(2v+f_{3v}+f_{4v}+\cdots)}.$$

分子をみると，まず2次の項はきえる．3次の項としては

$$-uf_{3v} - 2vp_2 + vf_{3u} + 2uq_2,$$

または $(-uf_{3v}+vf_{3u}) + (2uq_2-2vp_2)$ の中の後の括弧の中は，$B_{30}, B_{21}, B_{12},$

2.10 除外された場合について（ポアンカレの問題）

B_{03} が p_2 および q_2 の係数の線型結合である．一方，はじめの項は $f_3(u, v)$ のみに依存している．よって

$$(-uf_{3v}+vf_{3u}) = -u(A_{21}u^2+2A_{12}uv+3A_{03}v^2)+v(3A_{30}u^2+2A_{21}uv+A_{12}v^2)$$
$$= -A_{21}u^3+(-2A_{12}+3A_{30})u^2v+(-3A_{03}+2A_{21})uv^2+A_{12}v^3.$$

そこで f をこれらの 3 次の項が 0 となるようにきめる．つまり

(2.79)
$$\begin{cases} -A_{21}\phantom{+3A_{30}}+B_{30}=0, \\ -2A_{12}+3A_{30}+B_{21}=0, \\ -3A_{03}+2A_{21}+B_{12}=0, \\ \phantom{-3A_{03}+2}A_{12}+B_{03}=0. \end{cases}$$

このように A を B から定められれば 3 次の項は 0 となる．次に 4 次の項を同じようにしらべよう．係数比較により，

$$-uf_{4v}-p_2f_{3v}-2vp_3+vf_{4u}+q_2f_{3u}+2uq_3$$
$$=(-uf_{4v}+vf_{4u})+(-p_2f_{3v}-2vp_3+q_2f_{3u}+2uq_3).$$

前の場合と同じように，後の括弧の中はすべて既知の多項式の係数の一次結合を係数としているので，それを

$$B_{40}u^4+B_{31}u^3v+B_{22}u^2v^2+B_{13}uv^3+B_{04}v^4$$

とかく．またはじめの項は

$$(-uf_{4v}+vf_{4u}) = -u(A_{31}u^3+2A_{22}u^2v+3A_{13}uv^2+4A_{04}v^3)$$
$$+v(4A_{40}u^3+3A_{31}u^2v+2A_{22}uv^2+A_{13}v^3)$$
$$= -A_{31}u^4+(-2A_{22}+4A_{40})u^3v+(-3A_{13}+3A_{31})u^2v^2$$
$$+(-4A_{04}+2A_{22})uv^3+A_{13}v^4.$$

これにより，$A_{j(4-j)}$ の定め方は前と同様に

(2.80)
$$\begin{cases} -A_{31}\phantom{+4A_{40}}+B_{40}=0, \\ -3A_{13}+3A_{31}+B_{22}=0, \\ A_{13}+B_{04}=0, \\ -2A_{22}+4A_{40}+B_{31}=0, \\ -4A_{04}+2A_{22}+B_{13}=0. \end{cases}$$

このように A がみつかれば 4 次の項は 0 となるが，一般には A はこの方程式か

らきまらない．なぜなら，最初の3つの方程式は未知数として A_{31}, A_{13} だけしか含んでいない．しかも後の方程式は3つの未知数 A_{22}, A_{40}, A_{04} に対して方程式の数は2つである．したがって解けないけれども，u^3v, u^2v^2, uv^3 の項の係数を0にすること，u^4, v^4 の係数を等しくすることは可能である．それには

$$(2.81) \quad \begin{cases} -A_{31} + B_{40} = A_{13} + B_{04}, \\ -3A_{13} + 3A_{31} + B_{22} = 0, \\ -2A_{22} + 4A_{40} + B_{31} = 0, \\ -4A_{04} + 2A_{22} + B_{13} = 0. \end{cases}$$

この方程式を解けばよい．A_{13}, A_{31} は一意的に定まり，A_{22}, A_{40}, A_{04} は無限の解がある．

$$A_{31} = \frac{1}{6}(3B_{40} - B_{22} - 3B_{04})$$

であるので，u^4, v^4 の係数は

$$-A_{31} + B_{40} = \frac{1}{6}(3B_{40} + B_{22} + 3B_{04}) = D_1$$

とおき D_1 を以下では，**第1渦状量**という．ここで場合が次の3つに分けられる．

 i) $D_1 > 0$ の場合　十分原点に近い場合には，$v' - v_1'$ の分子は最低次数 $D_1(u^4 + v^4)$ から始まる．v_1 の方は，それを定義する式は $u^2 + v^2 + f_3 + f_4 = c$，これをみたす座標 (u, v) は c を定めたとき1つの閉曲線をえがく．しかもその上で v' と v_1' とは絶対一致しない．（曲線が接触することはない．一方もとの微分方程式の解は原点を中心とし，解曲線を極座標で表わしたときの φ と上の c によって一意的に表わされ，φ が増大するとき，c は減少する．よって解は φ 増加のとき原点にまきこむ渦状点をもつ．

 ii) $D_1 < 0$ の場合　この場合は c は φ により増加するので，φ 増加のとき原点からはなれる渦状点である．

 iii) 最後に $D_1 = 0$ の場合　この場合には $v' - v_1'$ の分子の4次の項まで0となる．この場合には渦心点となる可能性がある．この場合には $f(u, v)$ の5

2.10 除外された場合について（ポアンカレの問題）

次の項 f_5 を，$v'-v_1'$ の 5 次の項が消えるように定める必要がある．これは次の $A_{j(5-j)}$，$j=0,1,\cdots,5$，に対する連立方程式を解けばよい．

$$-A_{41}\phantom{+5A_{50}}+B_{50}=0,$$
$$-2A_{32}+5A_{50}+B_{41}=0,$$
$$-3A_{23}+4A_{41}+B_{32}=0,$$
$$-4A_{14}+3A_{32}+B_{23}=0,$$
$$-5A_{05}+2A_{23}+B_{14}=0,$$
$$\phantom{-5A_{05}+2}A_{14}+B_{05}=0.$$

ここで $B_{j(5-j)}$ は $p_2, p_3, p_4, q_2, q_3, q_4$ からきまる既知の定数である．

この連立方程式はただ 1 つの解をもつ．次に 6 次の項を消すために f_6 の係数に対する連立方程式をつくることにすると，これは前の 4 次の項と同じ理由で一般には解けない．よって，前にやったと同様の操作 u^6 と v^6 の項の係数を等しくし，他の項（6 次の）の係数は 0 とするように f_6 を定める．それは次の可解な連立方程式である．

$$-A_{51}+B_{60}=A_{15}+B_{06},$$
$$-3A_{33}+5A_{51}+B_{42}=0,$$
$$-5A_{15}+3A_{33}+B_{24}=0,$$
$$-2A_{42}+6A_{60}+B_{51}=0,$$
$$-4A_{24}+4A_{42}+B_{33}=0,$$
$$-6A_{06}+2A_{24}+B_{15}=0.$$

これから，

$$A_{51}=-\frac{1}{10}(-5B_{60}+B_{42}+B_{24}+5B_{06})$$

となり，u^6, v^6 の係数は

$$D_2=-A_{51}+B_{60}=\frac{1}{10}(5B_{60}+B_{42}+B_{24}+5B_{06})$$

となる．D_2 を**第 2 渦状量**という．

この D_2 が 0 でないとき再び渦状点になるが，0 のときはこれを第 2 渦心条件とよぶ．

以上のことは $D_1, D_2, D_3, \cdots$ とすべての渦状量が 0 のとき，それは全体として，原点が渦心点であるための必要条件であるが，

【以上の操作をつづけて行なったとき，すべての段階で $D_1, D_2, \cdots, D_i$ が 0 のとき，実は原点が渦心点であるための十分条件である．】(Frommer, 1934) [4]

証明 極座標を用いて微分方程式を次のようにかく．

$$\frac{r'}{r} = \frac{rg_1 + r^2 g_2 + \cdots}{1 + rh_1 + r^2 h_2 + \cdots}.$$

g_i と h_i は $\sin\varphi$ と $\cos\varphi$ の多項式である．分母は $r=0$ で 1 であるから，k を十分小にとって，分母は 0 とならないように $r<k$ なる r の範囲を定めうる．その範囲で次のような $M>0$ が存在する．

$$\left|\frac{r'}{r}\right| < M.$$

そこで $(r_0, 0)$, $r_0 < k$ を通る解曲線を考える．とそれは 2 つの渦線

$$r = r_0 e^{M\varphi}, \qquad r = r_0 e^{-M\varphi}$$

の間にある ($r<k$ では)．2 つの曲線のうち 1 つは直線 $\varphi = 2\pi$ を半径 $r_1 = r_0 e^{2\pi M}$ のところで切る．次に $r_0 < k_1 = \dfrac{k}{e^{2\pi M}}$ ととりなおすと $0 \leq \varphi \leq 2\pi$ のすべての φ について，解曲線は，上の領域の中にある．同じことは $r=r_0$ から出発したすべての逐次近似曲線についていえる．つまり，

$$\frac{r_1'}{r_1} = \frac{r_0 g_1 + r_0^2 g_2 + \cdots}{1 + r_0 h_1 + r_0^2 h_2 + \cdots},$$

$$\frac{r_n'}{r_n} = \frac{r_{n-1} g_1 + r_{n-1}^2 g_2 + \cdots}{1 + r_{n-1} h_1 + r_{n-1}^2 h_2 + \cdots}$$

で r_n を定めてゆくとき，そのいずれについてもいえる．つまり

$$r = r_0 w_1 + r_0^2 w_2 + \cdots.$$

ここで w_i は $\sin\varphi$ と $\cos\varphi$ と φ の多項式である．

2.10 除外された場合について(ポアンカレの問題)

しかもすべての曲線は $0\leq\varphi\leq 2\pi$ において $r<k$ に入っている．分母は 0 にならないので，おのおのの近似曲線についての切線ベクトルは $0\leq\varphi\leq 2\pi$ において収束する列をなす．一方，極限の曲線は存在し有界である．したがってそれが表現される級数も収束であって，$\varphi=2\pi$ では

$$\rho = r_0 w_1(2\pi) + r_0^2 w_2(2\pi) + \cdots,$$

または別の記号を用いて

$$\rho = r_0 C_1' + r_0^2 C_2' + r_0^3 C_3' + \cdots.$$

この場合，C_i' はもとの微分方程式から計算される量である．

今，ρ と r_0 はこの曲線と u 軸が切れあう点であり，これを比較するために，

$$r_0 - \rho = r_0(1 - C_1') - r_0^2 C_2' - r_0^3 C_3' - \cdots,$$
$$\Psi(r_0) = r_0 - \rho = C_1 r_0 + C_2 r_0^2 + \cdots.$$

これも $r_0 < k_1$ で収束である．

今，もしこれが渦動(原点が渦心)であれば，$r_0 - \rho$ は恒等的に 0 である．したがって C_i はすべて 0 である．

逆にすべての $C_i = 0$ のとき，上の曲線は閉じている．よって，$C_i = 0\ (\forall i)$ は曲線が渦動であるための必要十分条件である．

したがってのこるのは $C_i = 0\ (\forall i)$ が定理の条件 $D_i = 0\ (\forall i)$ と同値な条件であることを示せばよい．

今，$v' = Z/N$ が $D_j = 0\ (j<n)$，$D_n \neq 0$ であるような原点が渦状点であるような微分方程式であるとする．それと比較する方程式を，

$$v_1' = \frac{Z_1}{N_1}$$

とすればその差 $v' - v_1'$ の分子は $ZN_1 - Z_1 N$ であってこれが $D_n(u^{2n+2} + v^{2n+2})$ からはじまる u, v のべき級数である．ここで極座標を導入して

$$r' = r\frac{Z\sin\varphi + N\cos\varphi}{Z\cos\varphi - N\sin\varphi}, \qquad r_1' = r\frac{Z_1\sin\varphi + N_1\cos\varphi}{Z_1\cos\varphi - N_1\sin\varphi}.$$

ここで，Z, N, Z_1, N_1 の中では $u = r\cos\varphi$，$v = r\sin\varphi$ とおいたものである．したがって次の差が計算できる．

$$r'-r_1' = \frac{r(NZ_1 - N_1 Z)}{(Z\cos\varphi - N\sin\varphi)(Z_1\cos\varphi - N_1\sin\varphi)}.$$

ここで,
$$NZ_1 - N_1 Z = -r^{2n+2} D_n (\cos^{2n+2}\varphi + \sin^{2n+2}\varphi) + 高次の項,$$
$$Z\cos\varphi - N\sin\varphi = r + 高次の項,$$
$$Z_1\cos\varphi - N_1\sin\varphi = r + 高次の項.$$

したがって十分小なる r について次の評価が成立する.
$$|r' - r_1'| < r^{2n+1} M'.$$

したがって点 $(r_0, 0)$ からでる2つの曲線は次の形をとる.
$$r = r_0 w_1 + r_0^2 w_2 + \cdots,$$
$$r_1 = r_0 \bar{w}_1 + r_0^2 \bar{w}_2 + \cdots.$$

2つの曲線は区域 $0 \leq \varphi \leq 2\pi$ において, r_0 を十分小として, 評価:
$$r < f r_0$$
をもつ, よって次の傾きに対する評価
$$|r' - r_1'| < r_0^{2n+1} M'' \qquad (M'' = f^{2n+1} M)$$
が生まれる.

また仮定により, $w_j' = \bar{w}_j'$ でなければならない $(j \leq 2n)$. 更に上の記号で $j \leq 2n$ についての C_j はすべて, 対応する $\bar{C}_j$ (r_1 に対応するもの) と一致しなければならない. ところで, 比較のための微分方程式の解は閉曲線であるから, $\bar{C}_j = 0$ である. よってもし $D_j = 0$ $(j < n)$ ならば $C_j = 0$ $(j \leq 2n)$ がでる. これから $D_j = 0 (\forall_j)$ が $C_j = 0 (\forall_j)$ の十分条件であることが判明した.

(証明終)

3. 2種の生物個体群の微分方程式

第2章までに用いた基礎理論にもとづいて，ボルテラ[5]による生物個体群のモデルの方程式を研究しよう．地域的変化は考えず，生物の大きさや年齢なども無視して個体数のみに注目したモデルの理論である．

3.1 同一の食物を争う2種の生物個体群

第1章でふれたのは1つの地域に住む唯一の種の個体群について述べたが，ここでは2つの異種の生物個体群が互いに関係しながら生きてゆく場合を考察しよう．まずここでは2種の生物個体群が同一の食物を必要とし，それをうばい合う場合を考えよう．最初それぞれの種が単独でこの地域にいて，そのための食物が十分用意されているものとする．そのときそれぞれは増殖率 $\varepsilon_1, \varepsilon_2$ のマルサスの法則に従ってふえてゆく：

$$\frac{dN_1}{dt} = \varepsilon_1 N_1, \qquad \frac{dN_2}{dt} = \varepsilon_2 N_2.$$

次に両種が共存し，それぞれは単位時間に両種に食べられた食物の量 $F(N_1, N_2)$ に比例して（比例定数を γ_1, γ_2 とする）増殖率をへらすものとする．そのときの増殖係数はそれぞれ

$$\varepsilon_1 - \gamma_1 F(N_1, N_2), \qquad \varepsilon_2 - \gamma_2 F(N_1, N_2)$$

となり，方程式は，$\varepsilon_1, \varepsilon_2, \gamma_1, \gamma_2 > 0$ として

$$(3.1) \quad \begin{cases} \dfrac{dN_1}{dt} = [\varepsilon_1 - \gamma_1 F(N_1, N_2)] N_1, \\ \dfrac{dN_2}{dt} = [\varepsilon_2 - \gamma_2 F(N_1, N_2)] N_2 \end{cases}$$

となる．函数 $F(N_1, N_2)$ の性質は次のものを仮定する．

$$(3.2) \quad \begin{cases} F(0,0) = 0, \quad \lim_{N_1 \to +\infty} F(N_1, N_2) = \lim_{N_2 \to +\infty} F(N_1, N_2) = +\infty, \\ F(N_1, N_2) < F(N_1', N_2) \, (N_1 < N_1'), \, F(N_1, N_2) < F(N_1, N_2') \, (N_2 < N_2'). \end{cases}$$

$F(N_1, N_2)$ は1階偏導函数連続としよう．このとき

(3.3) $\qquad N_1(t_0) = N_1^0, \qquad N_2(t_0) = N_2^0$

とともに初期値問題を考えよう．$N_1^0 > 0, N_2^0 > 0$ とすれば §2.4 に述べた条件を (3.1) の右辺がみたしていることにより $N_1(t), N_2(t)$ は $t > t_0$ に対してつねに正である．もちろん §2.1, 2.2, 2.3 の条件をみたしているので解はただ1つ存在する．その解がどの $t > t_0$ に対しても延長できることは次のことからわかる．**解の有界性**が示されるからである．

今

$$F(N_1^0, 0) < \frac{\varepsilon_1}{\gamma_1}, \qquad F(0, N_2^0) < \frac{\varepsilon_2}{\gamma_2}$$

とすれば，今次のような N_1', N_2' をとる：

$$F(N_1', 0) > \frac{\varepsilon_1}{\gamma_1}, \qquad F(0, N_2') > \frac{\varepsilon_2}{\gamma_2}.$$

そのとき

(3.4) $\qquad N_1(t) \le N_1', \qquad N_2(t) \le N_2' \qquad (t > t_0)$

が示される．なぜならばもし $N_1(t_1) \ge N_1'$（そのような最初の $t_1(>t_0)$ をとる）とすれば F の性質より $F(N_1(t_1), N_2(t_1)) > F(N_1', 0) > \frac{\varepsilon_1}{\gamma_1}$ となり，そこでは $\left.\frac{dN_1}{dt}\right|_{t=t_1} < 0$ となる．t_1 が最初のものであったことに矛盾する．同様に $N_2(t) \le N_2'$ が示される．よって $N_1(t), N_2(t)$ は (3.4) によって $(t_0 < t)$ に対して有界であり，§2.2 の系によりどこまでも解は延長される．

一方，$N_1(t), N_2(t)$ について上のことが定量的にも示される．方程式を次のようにかく：

$$\log \frac{N_1}{N_1^0} = \int_{t_0}^{t} [\varepsilon_1 - \gamma_1 F(N_1, N_2)] d\tau,$$

$$\log \frac{N_2}{N_2^0} = \int_{t_0}^{t} [\varepsilon_2 - \gamma_2 F(N_1, N_2)] d\tau.$$

$N_1(t), N_2(t)$ は上から有界であったから，[ ] の中は上限があり，$t = T$ とし

て
$$\left|\log\frac{N_1}{N_1^0}\right|<A(T-t_0), \quad \left|\log\frac{N_2}{N_2^0}\right|<A(T-t_0).$$

よって,
$$N_1(t)>N_1^0 e^{-A(t-t_0)}, \qquad N_2(t)>N_2^0 e^{-A(t-t_0)} \qquad (t>t_0)$$
が成立する.

注 上の有界性および非負性は差分法を用いて証明できる．たとえば第1章で用いたと同じように，
$$N_1^{n+1}-N_1^n = h\varepsilon_1 N_1^n - h\gamma_1 F(N_1^n, N_2^n) N_1^{n+1}$$
とおくと
$$\begin{cases} N_1^{n+1} = \dfrac{(1+h\varepsilon_1)N_1^n}{1+h\gamma_1 F(N_1^n, N_2^n)}, \\ N_2^{n+1} = \dfrac{(1+h\varepsilon_2)N_2^n}{1+h\gamma_2 F(N_1^n, N_2^n)} \end{cases}$$
から $N_1^0, N_2^0 \geq 0$ から $N_1^n, N_2^n \geq 0$ は簡単にでる.

一方，有界性については
$$N_1^{n+1} - N_1^n = h\varepsilon_1 N_1^n - h\gamma_1 F(N_1^{n+1}, N_2^n) N_1^{n+1},$$
$$N_1^{n+1} = \frac{(1+\varepsilon_1 h)N_1^n}{1+h\gamma_1 F(N_1^{n+1}, N_2^n)}$$
を用いると，N_1^0 について $F(N_1^0, 0) < \dfrac{\varepsilon_1}{\gamma_1}$ のとき，もし N_1^{n+1} について $F(N_1^{n+1}, 0) > \dfrac{\varepsilon_1}{\gamma_1}$ となったと仮定すれば（n ははじめてこうなったとする），
$$N_1^{n+1} = \frac{(1+\varepsilon_1 h)N_1^n}{1+h\gamma_1 F(N_1^{n+1}, N_2^n)} \leq \frac{(1+\varepsilon_1 h)N_1^n}{1+h\gamma_1 F(N_1^{n+1}, 0)} \leq N_1^n.$$
これは矛盾である．よってつねに
$$F(N_1^n, 0) \leq \frac{\varepsilon_1}{\gamma_1}$$
であることが示され，単調性から N_1^n は有界である．N_2^n についても同様である.

上にのべた差分法はそれぞれ $nh \leq t$ として，$h \to 0$, $n \to +\infty$ のとき，微分方程式の解に収束し，同等有界，同等連続であるので収束する部分列をもち，微分方程式の解に収束し(§2.1参照)，上の性質は解についても保証される(ただし第2の差分法の場合にはFが都合よくて，N^{n+1}について解ける場合である.)
(§5.4の差分法もみよ).

次に方程式をかきかえて，$t \to +\infty$ での解の挙動をみよう.

$$(3.5) \quad \begin{cases} \dfrac{d \log N_1}{dt} = \varepsilon_1 - \gamma_1 F(N_1, N_2), \\ \dfrac{d \log N_2}{dt} = \varepsilon_2 - \gamma_2 F(N_1, N_2) \end{cases}$$

より

$$\gamma_2 \frac{d \log N_1}{dt} - \gamma_1 \frac{d \log N_2}{dt} = \varepsilon_1 \gamma_2 - \gamma_1 \varepsilon_2.$$

$$(3.6) \quad \frac{N_1^{\gamma_2}}{N_2^{\gamma_1}} = \frac{N_1^{0\gamma_2}}{N_2^{0\gamma_1}} e^{(\varepsilon_1 \gamma_2 - \varepsilon_2 \gamma_1)(t-t_0)}$$

がでる. そこで(第1種のほうが食べるのが少なくふえ方が大きい)

$$(3.7) \quad \frac{\varepsilon_1}{\gamma_1} > \frac{\varepsilon_2}{\gamma_2}$$

と仮定すると，(3.6)より

$$(3.8) \quad \lim_{t \to +\infty} \frac{N_1^{\gamma_1}}{N_2^{\gamma_2}} = +\infty$$

がでる. N_1 が有界であることを考え合わせれば，第2種の方は死滅して，第1種は平衡値に達する. §2.6の注意によれば，平衡値は $[\varepsilon_1 - \gamma_1 F(N_1, N_2)]N_1 = 0$ および $[\varepsilon_2 - \gamma_2 F(N_1, N_2)]N_2 = 0$ の根としての (N_1, N_2) のうちにあるが，そのうち，$N_1(t)$ の $t \to +\infty$ の値は

$$\varepsilon_1 - \gamma_1 F(\bar{N}_1, 0) = 0$$

の根 $\bar{N}_1$ であり，$N_2(t)$ が $t \to +\infty$ のとき達する値は0である. その他の根は (N_1, N_2) の $t \to +\infty$ のときの値にはならない.

$N_2(t)$ は十分大きな t に対しては，非常に小さくなるので，$N_2(t) \equiv 0$ とみ

なすと，$N_1(t)$ に対して次の単独方程式を得る．$t>t_1$, に対して

(3.9) $$\frac{dN_1}{dt}=[\varepsilon_1-\gamma_1 F(N_1,0)]N_1.$$

そこで，$N_1(t_1)=N_1{}^1$ とかくと，$N_1{}^1<\bar{N}_1$ のとき
$$\varepsilon_1-\gamma_1 F(N_1{}^1,0)>0$$
であり，(3.9) を積分して，
$$t-t_1=\int_{N_1{}^1}^{N_1}\frac{d\xi_1}{\xi_1[\varepsilon_1-\gamma_1 F(\xi_1,0)]},$$
$$F(\bar{N}_1,0)-F(N_1,0)=(\bar{N}_1-N_1)\varphi(N_1)$$
とかけるので，$\varphi(N_1)>0$ である．
$$\varepsilon_1-\gamma_1 F(N_1,0)=\gamma_1(\bar{N}_1-N_1)\varphi(N_1).$$
よって，$N_1(t)$ は $\bar{N}_1$ に達しないが，$t\to+\infty$ のとき限りなく $\bar{N}_1$ に下から近づく．もし $N_1{}^1>\bar{N}_1$ であれば上から $\bar{N}_1$ に近づく．結局，

【$t\to+\infty$ のとき (3.9) の解は上の $\bar{N}_1$ に近づく】

ことが結論された．

特に $F(N_1,N_2)=\lambda_1 N_1+\lambda_2 N_2$, $\lambda_1,\lambda_2>0$ の場合，(3.9) としては §1.4 で述べたロジスティック方程式を得る．

(3.10) $$\frac{dN_1}{dt}=(\varepsilon_1-\gamma_1\lambda_1 N_1)N_1.$$

この場合の解 $N_1(t)$ は
$$N_1(t)=\frac{C\varepsilon_1 e^{\varepsilon_1(t-t_1)}}{1+\lambda_1\gamma_1 C e^{\varepsilon_1(t-t_1)}}, \qquad C=\frac{N_1{}^1}{\varepsilon_1-\lambda_1\gamma_1 N_1{}^1},$$
$$\bar{N}_1=\frac{\varepsilon_1}{\lambda_1\gamma_1}$$
である．

3.2 えじきと捕食者の関係

ボルテラの取扱ったもう1つの場合は，2種のうち一方の種は，他方の種の

えじき(prey)となる場合である．つまりえじきとなる第1種については，天敵である第2種の存在しない場合には，マルサス係数 ε_1 で増殖するように豊富にその食べ物は存在するとする．したがってもし第2種捕食者(predator)が存在しなければ，

マルサスの法則
$$\frac{dN_1}{dt} = \varepsilon_1 N_1$$

でふえる．しかし，第2の種に食われることによりその増殖係数 ε_1 は $\varepsilon_1 - \gamma_1 N_2$ に変わる．一方，第2種の方はもしえじきである第1種が存在しなければマルサス係数 $-\varepsilon_2$ でへってゆくが，第1種と共存する場合にはこの係数は $-\varepsilon_2 + \gamma_2 N_1$ と変化する(γ_1, γ_2 を貪欲係数とよぶ)．よって方程式は

(3.11)
$$\begin{cases} \dfrac{dN_1}{dt} = N_1(\varepsilon_1 - \gamma_1 N_2), \\ \dfrac{dN_2}{dt} = -N_2(\varepsilon_2 - \gamma_2 N_1) \end{cases}$$

となる．ここで $\varepsilon_1, \varepsilon_2, \gamma_1, \gamma_2 > 0$ である．この方程式は §1.5 での"出会いの理論"によっても導出することができる．

両種がそれぞれ単独で生きている場合の増殖率を λ_1, λ_2 とし，その2種が単位時間に出会う数は両種の個体数の積に比例するとし，比例定数を α とする．この出会いが両種の個体数に及ぼす影響は単位時間にそれぞれ β_1/n および β_2/n であると仮定する．つまり n 回の出会いについて第1種は β_1 だけふえ，第2種は β_2 だけふえるものとする(β_1, β_2 のどちらかは負である)と単位時間 dt での N_1, N_2 の増分は，

$$dN_1 = \lambda_1 N_1 dt + \alpha N_1 N_2 \frac{\beta_1}{n} dt,$$

$$dN_2 = \lambda_2 N_2 dt + \alpha N_1 N_2 \frac{\beta_2}{n} dt.$$

$\dfrac{\alpha \beta_1}{n} = \mu_1, \dfrac{\alpha \beta_2}{n} = \mu_2$ とおけば，(3.11) のかわりに

3.2 えじきと捕食者の関係

$$\begin{cases} \dfrac{dN_1}{dt} = N_1(\lambda_1 + \mu_1 N_2), \\ \dfrac{dN_2}{dt} = N_2(\lambda_2 + \mu_2 N_1) \end{cases}$$

が得られる．今の場合この出会いは第1種に悪く，第2種によいので，

$$\lambda_1 > 0, \quad \lambda_2 < 0, \quad \mu_1 < 0, \quad \mu_2 > 0$$

となり (3.11) と同じものである．この方程式系に対してもわれわれの §2.1～2.3, および 2.4 の結果が成立する．結局大局的に $t \to +\infty$ まで解を延長できるかどうかが問題になるが，それについては，次のようにこの方程式が解けるので問題がなくなる．(3.12) の両式にそれぞれ，μ_2, μ_1 をかけて引き算，かきなおして λ_2, λ_1 をかけて引き算をすれば，

$$\mu_2 \frac{dN_1}{dt} - \mu_1 \frac{dN_2}{dt} = \mu_2 \lambda_1 N_1 - \lambda_2 \mu_1 N_2,$$

$$\lambda_2 \frac{\frac{dN_1}{dt}}{N_1} - \lambda_1 \frac{\frac{dN_2}{dt}}{N_2} = \mu_1 \lambda_2 N_2 - \mu_2 \lambda_1 N_1.$$

よって，

$$\mu_2 \frac{dN_1}{dt} + \lambda_2 \frac{1}{N_1} \frac{dN_1}{dt} - \mu_1 \frac{dN_2}{dt} - \lambda_1 \frac{1}{N_2} \frac{dN_2}{dt} = 0.$$

積分すれば，

(3.13) $\qquad \mu_2 N_1 + \lambda_2 \log N_1 - (\mu_1 N_2 + \lambda_1 \log N_2) = $ 定数，

または，

(3.13)′ $\qquad N_1^{\lambda_2} N_2^{-\lambda_1} e^{\mu_2 N_1 - \mu_1 N_2} = c,$

または ε, γ を用いて，

(3.13)″ $\qquad N_1^{-\varepsilon_2} N_2^{-\varepsilon_1} e^{\gamma_2 N_1 + \gamma_1 N_2} = c$

となる．これは §2.10 において，用いられた微分方程式系に対して，その解曲線が，$f(N_1, N_2) = c$ という形で表わされている特別な場合である．試みに $N_2 = $ 正の定数 $= p$ の断面の曲線をしらべてみる．

$$\frac{\partial c}{\partial N_1} = -\varepsilon_2 N_1^{-\varepsilon_2-1} N_2^{-\varepsilon_1} e^{\gamma_2 N_1 + \gamma_1 N_2} + \gamma_2 N_1^{-\varepsilon_2} N_2^{-\varepsilon_1} e^{\gamma_2 N_1 + \gamma_1 N_2}$$

$$= -(\varepsilon_2 - \gamma_2 N_1) N_1^{-\varepsilon_2-1} N_2^{-\varepsilon_1} e^{\gamma_2 N_1 + \gamma_1 N_2}$$

で，図 3.1 のようである

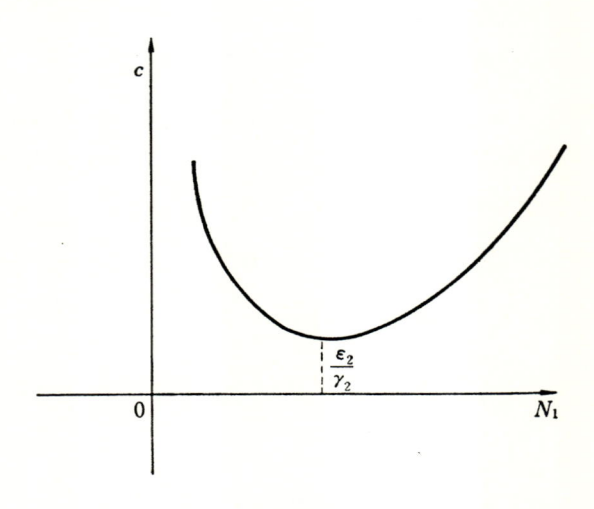

図 3.1

一方，

$$\frac{\partial c}{\partial N_2} = -(\varepsilon_1 - \gamma_1 N_2) N_1^{-\varepsilon_2} N_2^{-\varepsilon_1-1} e^{\gamma_2 N_1 + \gamma_1 N_2}$$

で同様である．この $f(N_1, N_2)$ について最小値は $\left(\dfrac{\varepsilon_2}{\gamma_2}, \dfrac{\varepsilon_1}{\gamma_1}\right)$ にしかないことがわかり，解曲線はそのまわりの閉曲線をなすことが判明する．

ボルテラはこの曲線の作図法まで述べているので紹介すると，次の2つの曲線を考察する．

($\mathcal{L}_1$) $\quad\quad\quad\quad Y = N_1^{-\varepsilon_2} e^{\gamma_2 N_1}$,

($\mathcal{L}_2$) $\quad\quad\quad\quad X = N_2^{\varepsilon_1} e^{-\gamma_1 N_2}$.

これを用いると (3.13)″ の式は

(3.14) $\quad\quad\quad\quad Y = cX$

という1次式となる．次の表によって Y, X の増減をしらべる．

3.2 えじきと捕食者の関係

N_1	0		$\dfrac{\varepsilon_2}{r_2}$		$+\infty$	N_2	0		$\dfrac{\varepsilon_1}{r_1}$		$+\infty$
Y'		$-$	0	$+$		X'		$+$	0	$-$	
Y	$+\infty$	↘	最小	↗	$+\infty$	X	0	↗	最大	↘	0

$$Y_{N_1}{}' = Y\left(-\frac{\varepsilon_2}{N_1} + r_2\right), \qquad X_{N_2}{}' = X\left(\frac{\varepsilon_1}{N_2} - r_1\right).$$

図 3.2 のように OX, ON_1 および OY, ON_2 軸をひき，第 2 および第 4 象限に上の 2 つの曲線 $\mathcal{L}_1, \mathcal{L}_2$ を描く．これは上の表による．点 A, B はそれぞれの最小および最大になる曲線上の点とする．A 点を通る OX に平行な直線と，B 点を通る OY に平行な点が交わる点（第 1 象限にある）を C とする．OR を角 COY 内の一つの半直線とし，それと A 点における $\mathcal{L}_1$ への切線と，B 点における $\mathcal{L}_2$ への切線との交点をそれぞれ U, V とし，M を線分 UV 上の動点とする．M を通り，それぞれ OX および OY に平行な線を引くと $\mathcal{L}_1, \mathcal{L}_2$ とそれぞれ 2 点ずつで交わる．$\mathcal{L}_1$ との交点 2 つから OY に平行に，$\mathcal{L}_2$ の 2 つの交点から OX に平行に直線を引き第 3 象限でその交点 4 つをみるとその座標 (N_1, N_2) は方程式 (3.13)″ をみたしている．その場合の定数 c が上に述べた半直線 OR の傾きである．したがって，これは初期値を定めれば定まるわけで，角 COY 内に $(N_1{}^0, N_2{}^0)$ から計算された X, Y をかき，原点と結べばよい．c の値が図の OC の傾きよりも大きいか等しいときにかぎって閉曲線が実際にでてくる．

したがって，初期値を変化させることにより，次の点をかこむ単一な閉曲線がでるのである．

$$\varOmega\left(K_1 = \frac{\varepsilon_2}{r_2}, \ K_2 = \frac{\varepsilon_1}{r_1}\right).$$

この点は微分方程式系 (3.11) の平衡点である．そこでは $\dfrac{dN_1}{dt}$ と $\dfrac{dN_2}{dt}$ がいずれも 0 となる．

3. 2種の生物個体群の微分方程式

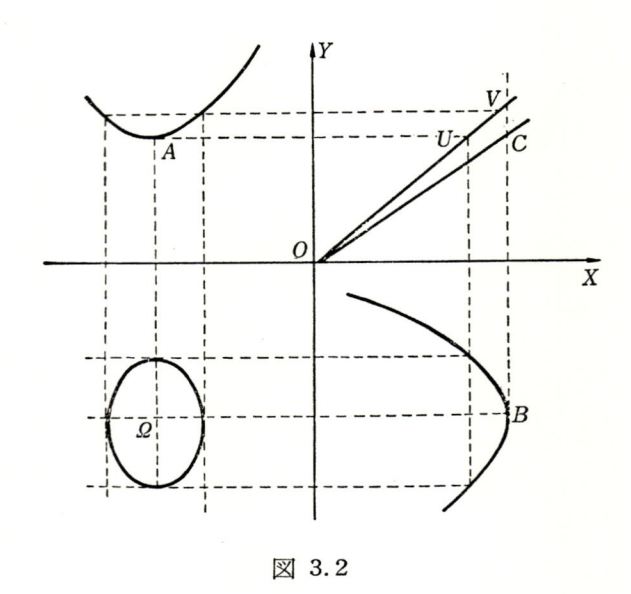

図 3.2

　この場合以外では dN_1/dt, dN_2/dt が同時に0になるときは存在しない．このことから，この閉曲線を解 $(N_1(t), N_2(t))$ は唯一の方向にまわることがわかる．なぜならもし方向がかわるならどこかで dN_1/dt, dN_2/dt の両方がともに0とならなければならない．これはあり得ない．$\varOmega$ を中心としてこの閉曲線上に L をとり $\varOmega L$ が L の動くのとともにはく面積速度は

$$(3.15) \quad \frac{1}{2}\left[(N_1-K_1)\frac{dN_2}{dt}-(N_2-K_2)\frac{dN_1}{dt}\right]$$
$$=\frac{1}{2}[r_2(N_1-K_1)^2 N_2 + r_1(N_2-K_2)^2 N_1].$$

これは方程式からでる．よって N_1-K_1 および N_2-K_2 も同時には0とならないからつねに上の量は正であり，よって回転の方向は正である．これを閉曲線上の点の座標 (N_1, N_2) の関数と考えて，連続である．よって正の最小値をもつ．それを m とする．今，(ρ, ω) を $\varOmega$ を中心の極座標ととれば，面積速度は

$$\frac{1}{2}\rho^2 \frac{d\omega}{dt} \geq m > 0.$$

ここで d を $\varOmega L$ の最大とすると，

3.2 えじきと捕食者の関係

$$\frac{d\omega}{dt} \geq \frac{2m}{d^2}$$

となる．このことから L 点は有限時間 T の後必ずもとの場所にかえる．つまり**周期運動**である．その周期を求めるには，方程式を極座標でかいて

$$(3.16) \quad \rho^2 \frac{d\omega}{dt} = \rho^2 [\gamma_1 \sin^2\omega(K_1 + \rho\cos\omega) + \gamma_2 \cos^2\omega(K_2 + \rho\sin\omega)].$$

積分して

$$t - t_0 = \int_{\omega_0}^{\omega} \frac{d\omega}{\gamma_1 \sin^2\omega(K_1 + \rho\cos\omega) + \gamma_2 \cos^2\omega(K_2 + \rho\sin\omega)}.$$

1周期を T として，

$$T = \int_0^{2\pi} \frac{d\omega}{\rho\sin\omega\cos\omega(\gamma_1\sin\omega + \gamma_2\cos\omega) + K_1\gamma_1\sin^2\omega + K_2\gamma_2\cos^2\omega}.$$

そこで ρ が十分近いとして，T の近似値を求めると

$$T \approx \int_0^{2\pi} \frac{d\omega}{K_1\gamma_1\sin^2\omega + K_2\gamma_2\cos^2\omega}$$

$$= \frac{4}{K_1\gamma_1} \int_0^{\pi/2} \frac{d\omega}{\cos^2\omega\left(\tang^2\omega + \frac{K_2}{K_1}\frac{\gamma_2}{\gamma_1}\right)}$$

$$= \frac{4}{K_1\gamma_1} \left[\frac{1}{\sqrt{\frac{K_2\gamma_2}{K_1\gamma_1}}} \tan^{-1}\frac{t}{\sqrt{\frac{K_2\gamma_2}{K_1\gamma_1}}}\right]_0^{+\infty}$$

$$= \frac{2\pi}{\sqrt{K_1 K_2 \gamma_1 \gamma_2}} = \frac{2\pi}{\sqrt{\varepsilon_1\varepsilon_2}}.$$

以上のことから結論として

【(3.11) で表わされる2種の運動は中心 $\Omega(K_1, K_2)$ の閉曲線を描く周期運動であり，その周期は近似的には（十分 Ω に近い場合）$2\pi/\sqrt{\varepsilon_1\varepsilon_2}$ である．】

平均の保存の法則 次に1周期での N_1, N_2 の平均を求めよう．(3.11) をかきなおして積分する．T を1周期として，

$$\frac{d}{dt}\log N_1 = \varepsilon_1 - \gamma_1 N_2, \qquad \frac{d}{dt}\log N_2 = -\varepsilon_2 + \gamma_2 N_1,$$

$$0 = \varepsilon_1 T - \gamma_1 \int_{t_0}^{t_0+T} N_2(\tau) d\tau, \qquad 0 = \varepsilon_2 T - \gamma_2 \int_{t_0}^{t_0+T} N_1(\tau) d\tau.$$

よって

(3.17) $\qquad K_1 = \dfrac{1}{T} \displaystyle\int_{t_0}^{t_0+T} N_1(\tau) d\tau, \qquad K_2 = \dfrac{1}{T} \displaystyle\int_{t_0}^{t_0+T} N_2(\tau) d\tau$

となり，結論として

【1周期間の $N_1(t)$, $N_2(t)$ の平均は初期値に無関係に，K_1 および K_2 となる．】

次に中心 P の近傍をしらべることにする．そのために次の変数変換をする．

(3.18) $\qquad n_1 = \dfrac{N_1}{K_1}, \qquad n_2 = \dfrac{N_2}{K_2}.$

このようにすると n_1, n_2 に対する方程式は：

(3.19) $\qquad \begin{cases} \dfrac{dn_1}{dt} = \varepsilon_1 n_1 (1 - n_2), \\ \dfrac{dn_2}{dt} = -\varepsilon_2 n_2 (1 - n_1). \end{cases}$

これは (3.11) よりも簡単である．そこで (n_1, n_2) が $(1, 1)$ に近いところをしらべるために，

(3.20) $\qquad v_1 = n_1 - 1, \qquad v_2 = n_2 - 1$

と変換する．

(3.19) は次のようになる．

(3.20)' $\qquad \begin{cases} \dfrac{dv_1}{dt} = -\varepsilon_1 v_2 - \varepsilon_1 v_2 v_1, \\ \dfrac{dv_2}{dt} = \varepsilon_2 v_1 + \varepsilon_2 v_1 v_2. \end{cases}$

また $\varepsilon_1 v_2 = u_2$, $\varepsilon_2 v_1 = u_1$ とおけば，

(3.21) $\qquad \begin{cases} \dfrac{du_1}{dt} = -\varepsilon_2 u_2 - u_2 u_1, \\ \dfrac{du_2}{dt} = \varepsilon_1 u_1 + u_1 u_2 \end{cases}$

3.2 えじきと捕食者の関係

となり，正に §2.10 で取扱った場合である．そのときのやり方にならうと

$$\frac{du_2}{du_1} = \frac{-u_1(\varepsilon_1 + u_2)}{u_2(\varepsilon_2 + u_1)},$$

$$(u_1 + u_2) - \varepsilon_2 \log\left(1 + \frac{u_1}{\varepsilon_2}\right) - \varepsilon_1 \log\left(1 + \frac{u_2}{\varepsilon_1}\right) = C,$$

$$(u_1 + u_2) - \varepsilon_2 \left\{\frac{u_1}{\varepsilon_2} - \frac{u_1^2}{2\varepsilon_2^2} + \frac{u_1^3}{3\varepsilon_2^3} - \cdots\right\} - \varepsilon_1 \left\{\frac{u_2}{\varepsilon_1} - \frac{u_2^2}{2\varepsilon_1^2} + \frac{u_2^3}{3\varepsilon_1^3} - \cdots\right\} = C.$$

結局

(3.22) $$\frac{1}{2}\left(\frac{u_1^2}{\varepsilon_2} + \frac{u_2^2}{\varepsilon_1}\right) - \frac{1}{3}\left(\frac{u_1^3}{\varepsilon_2^2} + \frac{u_2^3}{\varepsilon_1^2}\right) + \cdots = C$$

と表わされる．よって，$u_1^2 + u_2^2$ が十分小のとき，第1次近似として

(3.23) $$\frac{u_1^2}{\varepsilon_2} + \frac{u_2^2}{\varepsilon_1} = C.$$

つまり，

$$\frac{v_1^2}{\varepsilon_1} + \frac{v_2^2}{\varepsilon_2} = C.$$

これは (3.20)′ のかわりに

(3.24) $$\begin{cases} \dfrac{dv_1}{dt} = -\varepsilon_1 v_2, \\ \dfrac{dv_2}{dt} = \varepsilon_2 v_1 \end{cases}$$

で近似したものと考えると，解は A と a を定数として，

$$v_1 = A\sqrt{\varepsilon_1}\cos(\sqrt{\varepsilon_1\varepsilon_2}\,t + a),$$
$$v_2 = A\sqrt{\varepsilon_2}\sin(\sqrt{\varepsilon_1\varepsilon_2}\,t + a).$$

$E = A\dfrac{\varepsilon_1\varepsilon_2}{\gamma_1\gamma_2}$ とおくと，

$$N_1 = \frac{\varepsilon_2}{\gamma_2} + \frac{\gamma_1}{\sqrt{\varepsilon_1}}E\cos(\sqrt{\varepsilon_1\varepsilon_2}\,t + a),$$

$$N_2 = \frac{\varepsilon_1}{\gamma_1} + \frac{\gamma_2}{\sqrt{\varepsilon_2}}E\sin(\sqrt{\varepsilon_1\varepsilon_2}\,t + a).$$

つまり，点 P を中心とする小さな楕円である．その周期は $2\pi/\sqrt{\varepsilon_1\varepsilon_2}$ となり，

長径と短径は $\varepsilon_1, \varepsilon_2, \gamma_1, \gamma_2$ に依存する．一方，第1種の倍増期 $t_1=\log 2/\varepsilon_1$，第2種の半減期 $t_2=\log 2/\varepsilon_2$ である．K_1, K_2, t_1, t_2 から $\varepsilon_1, \varepsilon_2, \gamma_1, \gamma_2$ が定められる．

平均に対する打撃の影響　時間に対して一様な，各種の個体数に比例した打撃が単位時間 dt にあたえられたとき第1種は $\alpha\lambda N_1 dt$ 個が死滅し，第2種は $\beta\lambda N_2 dt$ 個の個体が死滅したとする．方程式は

$$(3.25) \quad \begin{cases} \dfrac{dN_1}{dt} = (\varepsilon_1 - \alpha\lambda - \gamma_1 N_2)N_1, \\ \dfrac{dN_2}{dt} = -(\varepsilon_2 + \beta\lambda - \gamma_2 N_1)N_2 \end{cases}$$

と変化する．この場合 λ は打撃の強さを表わし，α, β はそれぞれの種にあたえる影響の係数だとする．たとえば（魚の2群の場合，漁業である），方程式系 (3.25) は正にもとの (3.11) の方程式で，$\varepsilon_1, \varepsilon_2$ をそれぞれ $\varepsilon_1 - \alpha\lambda$，$\varepsilon_2 + \beta\lambda$ でおきかえたものであり，$\lambda < \varepsilon_1/\alpha$ なるとき (3.17) の式から平均は，$\varepsilon_2/\gamma_2, \varepsilon_1/\gamma_1$ から，

$$\frac{\varepsilon_2 + \beta\lambda}{\gamma_2}, \quad \frac{\varepsilon_1 - \alpha\lambda}{\gamma_1}$$

に変化する．この場合 $\varepsilon_1 - \alpha\lambda < 0$ になるときには打撃が強すぎて全く別の様子となる（次節参照）．よって次の法則がある．

【2つの種の個体群に，時間に一様な，それぞれの個体数に比例した打撃を加えると，それがある程度の場合 $\left(\lambda < \dfrac{\varepsilon_1}{\alpha}\right)$ えじきの方の平均はふえ，捕食者の平均はへる．】

この打撃が強くて $\lambda \geq \dfrac{\varepsilon_1}{\alpha}$ の場合は次の節で説く．

3.3　2種が共存する場合のその他の例

§3.2のはじめにだしたように，2種が出会いによって相互の関係をもつ場合一般には

3.3 2種が共存する場合のその他の例

$$(3.26) \quad \begin{cases} \dfrac{dN_1}{dt} = N_1(\lambda_1 + \mu_1 N_2), \\ \dfrac{dN_2}{dt} = N_2(\lambda_2 + \mu_2 N_1) \end{cases}$$

であり，前節では $\lambda_1>0,\ \lambda_2<0,\ \mu_1<0,\ \mu_2>0$ の場合をすませた．しかし他の場合もある．たとえば前節の最後で打撃の λ が大きく，$\lambda > \dfrac{\varepsilon_1}{\alpha}$ という場合は，$\lambda_1<0,\ \mu_1<0,\ \lambda_2<0,\ \mu_2>0$ である．一般に (3.26) の曲線は

$$(3.27) \quad N_1^{\lambda_2} e^{\mu_2 N_1} = C N_2^{\lambda_1} e^{\mu_1 N_2}.$$

ここで

$$C = \dfrac{(N_1^0)^{\lambda_2} e^{\mu_2 N_1^0}}{(N_2^0)^{\lambda_1} e^{\mu_1 N_2^0}}$$

であり，(N_1^0, N_2^0) は初期値である．

前と同じように，

$$Y = N_1^{\lambda_2} e^{\mu_2 N_1}, \qquad X = N_2^{\lambda_1} e^{\mu_1 N_2}$$

と

$$Y = CX$$

を用いてグラフをかくことができる．また補助のために

$$Y = N_1^{\lambda_2} e^{\mu_2 N_1}, \qquad X = N_2^{-\lambda_1} e^{-\mu_1 N_2}$$

として $XY = C$ なる双曲線をかくこともある．

λ および μ がすべて 0 でない場合でも次の 8 つの場合がある．ただし $\lambda_1>0$ とする．($\lambda_1<0$ の場合にはすべてのむきを反対にすればよいから，結局は 16 個の場合がある．$\lambda_1>0$ としての表をかくと（$\lambda_1<0$ のときは－とする．)

$$\lambda_1>0 \begin{cases} \mu_1>0 & \lambda_2>0 & \mu_2>0 & (1_+) \\ \mu_1>0 & \lambda_2<0 & \mu_2<0 & (2_+) \\ \mu_1>0 & \lambda_2>0 & \mu_2<0 & (3_+) \\ \mu_1>0 & \lambda_2<0 & \mu_2>0 & (4_+) \\ \mu_1<0 & \lambda_2>0 & \mu_2>0 & (5_+) \\ \mu_1<0 & \lambda_2<0 & \mu_2<0 & (6_+) \end{cases}$$

$$\begin{cases} \mu_1<0 \quad \lambda_2>0 \quad \mu_2<0 & (7_+) \\ \mu_1<0 \quad \lambda_2<0 \quad \mu_2>0 & (8_+) \end{cases}$$

§3.2 でのべたえじきと捕食者は 8_+ の場合であった.

簡単にすべての場合について,解の挙動をしらべると,$8_\pm$ はすでにのべたものおよびそれのむきを逆にとったものでよいから再論しない.その他の場合にはいろいろの事情がおこる.$(0,0)$ 以外の平衡点を Ω としておくと,$8_\pm$ 以外の場合には,(N_1, N_2) のどちらかまたは両方が $+\infty$,または 0 または Ω に近づく分枝をもっている.§2.5 の注意より $t=+\infty$ で近づく点はこれ以外にはない.しかし $t=+\infty$ にならずに,無限遠点に近づくことはありうる.各場合についてしらべよう.

たとえば 1_- のように,$(N_1, N_2) \to (0,0)$ の場合,これは $t \to +\infty$ を必要とする.なぜなら (3.26) より,$t>t_1$ に対しては

$$t-t_1 = \int_{N_1{}^1}^{N_1} \frac{d\xi}{\xi(\lambda_1+\mu_1 N_2)}.$$

$N_2 \to 0$ であるから $\lambda_1+\mu_1 N_2 \to \lambda_1$,これから $N_1 \to 0$ のとき $t \to +\infty$ でなければならない.同様に (3.26) においての平衡点 Ω に近づくのも $t \to +\infty$ である.

$$t-t_0 = \int_{(N_1)^0}^{N_1} \frac{dN_1}{N_1(\lambda_1+\mu_1 N_2)}.$$

ここで N_2 は N_1 の函数である.$N_1 = -\dfrac{\lambda_2}{\mu_2}$ の近傍では

$$\lambda_1+\mu_1 N_2 = \frac{N_1 - \left(-\dfrac{\lambda_2}{\mu_2}\right)}{\varphi(N_1)}$$

の形をしている.$\varphi(N_1)$ は $N_1 \to \left(-\dfrac{\lambda_2}{\mu_2}\right)$ のとき 0 とならない.よって $t \to +\infty$ でなければならない.

一方,(N_1, N_2) が 1 つの分枝の上を ∞ に近づくとき,どちらかの N が有界にとどまるかまたは 0 に近づく場合には $t \to +\infty$ でなければならない(たとえば $2_\pm, 3_+, 4_-, 5_+, 6_+$ および 7_- の場合である).しかし逆に (N_1, N_2) が両方

とも $+\infty$ になる場合は (1_+ および 4_+ など), t は有限の値 t_∞ に近づくときでなければならない.

上のことを説明すれば, はじめの方は簡単であって, N_1 が $+\infty$ になり, N_2 はそうでないとき,

$$t-t_1=\int_{N_1^1}^{N_1}\frac{dN_1}{N_1(\lambda_1+\mu_1 N_2)}=\int_{N_1^1}^{N_1}\frac{\varphi_1(N_1)}{N_1}dN_1.$$

$\varphi_1(N_1)\sim\frac{1}{\lambda_1}$ $(N_1\to+\infty)$ であるから前にのべたように $t\to+\infty$ でなければならない.

次に (N_1, N_2) の両方が $+\infty$ になる場合であるが, そのとき, ロピタル (L'Hôpital) の定理を用いると,

$$\lim\frac{N_1}{N_2}=\lim\frac{\frac{dN_1}{dt}}{\frac{dN_2}{dt}}=\lim\frac{\frac{\lambda_1}{N_2}+\mu_1}{\frac{\lambda_2}{N_1}+\mu_2}=\frac{\mu_1}{\mu_2}.$$

よって, t_1 を十分大として,

$$t-t_1=\int_{N_1^1}^{N_1}\frac{dN_1}{N_1(\lambda_1+\mu_1 N_2)}=\int_{N_1^1}^{N_1}\frac{\psi(N_1)}{N_1^2}dN_1.$$

$\psi(N_1)\to\frac{1}{\mu_2}$ $(N_1\to+\infty)$, 上のものについては, $N_1\to+\infty$ なるとき, $t\to t_\infty \neq +\infty$. よってこの場合は, $0<t<+\infty$ での大局的解が存在しないことになる. $t=t_\infty$ で爆発する. 結局次のようにまとめられる.

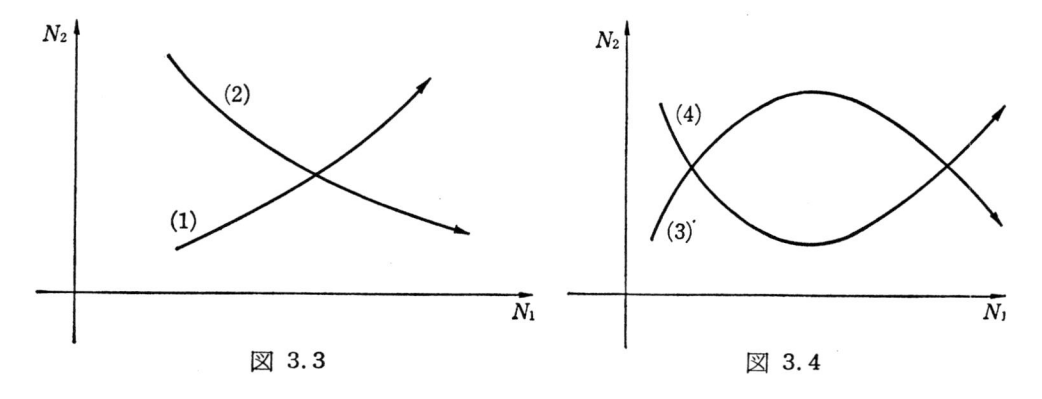

図 3.3

図 3.4

図 3.5　　　　　　　　　図 3.6

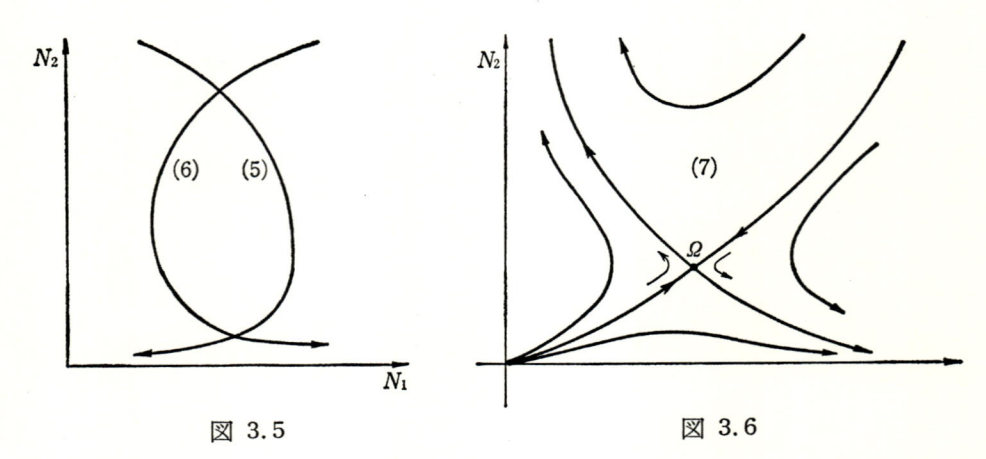

【$\lambda_1>0, \mu_1<0, \lambda_2<0, \mu_2>0$ または $\lambda_1<0, \mu_1>0, \lambda_2>0, \mu_2<0$ つまり $(8\pm)$ の場合をのぞいて，振動解はなく，不安定な平衡点をもつか，またはどちらかの種がほろびて，他の種が無限にふえるか(時間を無限にかけて)または両種がともに，有限時間で無限にふえるか，または両種が無限時間かけて上の平衡点に近づくかである．】

平衡点は

$$N_1 = -\frac{\lambda_2}{\mu_2}, \qquad N_2 = -\frac{\lambda_1}{\mu_1}$$

であり，これが意味あるのは λ_2, μ_2 および λ_1, μ_1 が異符号の場合である．

最後に，$\lambda_1, \mu_1, \lambda_2, \mu_2$ のうちどれかが，0になった場合をしらべる．これは §3.2 のような場合が外から打撃をあたえられたことによりおこりうる．たとえば (3.25) において $\lambda = \varepsilon_1/\alpha$ であれば，

$$\lambda_1 = 0, \qquad \mu_1 < 0, \qquad \lambda_2 < 0, \qquad \mu_2 > 0$$

という場合になる．微分方程式系は

$$(3.27) \quad \begin{cases} \dfrac{dN_1}{dt} = \mu_1 N_1 N_2, \\ \dfrac{dN_2}{dt} = N_2(\lambda_2 + \mu_2 N_1) \end{cases}$$

となる．この場合の第1積分は

$$N_1{}^{-\lambda_2} e^{-\mu_2 N_1} = C e^{-\mu_1 N_2},$$
$$C = N_1{}^{0-\lambda_2} e^{-\mu_2 N_1{}^0 + \mu_1 N_2{}^0}.$$

$\mu_1 < 0$ であるから，$N_1(t)$ は減少である．

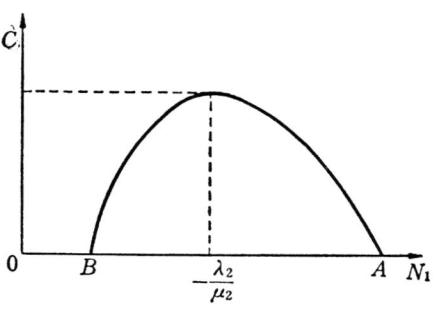

図 3.7

$$\lim_{t \to +\infty} N_1(t) > 0, \qquad \lim_{t \to +\infty} N_2(t) = 0$$

となる．

§3.2 の群集について，打撃の大きさをだんだん大きくしてゆくと，どうなるか，$\lambda < \dfrac{\varepsilon_1}{\alpha}$; 振動がある．$\lambda = \dfrac{\varepsilon_1}{\alpha}$ 上のように $N_2 \to 0$ となり N_1 はきまった値にちかづく．$\lambda > \dfrac{\varepsilon_1}{\alpha}$ は上に述べた 3_- の場合になる．この場合は両種ともにほろぼされる．

少しあともどりをして 7_+ の場合の Ω の近傍の研究を第2章の練習問題としてとりあげてみよう．

方程式系は，$\lambda_1 > 0, \mu_1 < 0, \lambda_2 > 0, \mu_2 < 0$ であるから，(3.26)において，$\lambda_1 = \varepsilon_1, \mu_1 = -\gamma_1, \lambda_2 = \varepsilon_2, \mu_2 = -\gamma_2$ とおくと

$$(3.28) \quad \begin{cases} \dfrac{dN_1}{dt} = \varepsilon_1 N_1 - \gamma_1 N_1 N_2, \\ \dfrac{dN_2}{dt} = \varepsilon_2 N_2 - \gamma_2 N_1 N_2 \end{cases}$$

である．平衡点 Ω は $\left(\dfrac{\varepsilon_2}{\gamma_2}, \dfrac{\varepsilon_1}{\gamma_1}\right)$ であるからここに原点を移動して，

$$(3.29) \quad \begin{cases} \dfrac{dn_1}{dt} = -\gamma_1 \dfrac{\varepsilon_2}{\gamma_2} n_2 - \gamma_1 n_1 n_2, \\ \dfrac{dn_2}{dt} = -\gamma_2 \dfrac{\varepsilon_1}{\gamma_1} n_1 - \gamma_2 n_1 n_2. \end{cases}$$

§2.7 により，Ω は鞍状点である．

4. n 種の生物個体群が共存する場合の微分方程式系

4.1 同じ食物を争う n 種の生物個体群

§3.1 に 2 種の個体群を扱ったが,これを一般の n 種にして考えることは全く平行である. n 種のそれぞれについて,十分豊富な食物の供給のもとに単独で同一地域に住む場合の増殖係数を $\varepsilon_i (i=1, 2, \cdots, n)$ とする.実際にこの n 種の個体群が同一地域に住む場合,単位時間に,この n 種の個体群全部によって食べられる食物量を $F(N_1, N_2, \cdots, N_n)$ としておけば各 i 種ではその影響によって,増殖率が

$$\varepsilon_i - r_i F(N_1, \cdots, N_n)$$

となる. r_i が小であれば食物の減少に対して抵抗力が強いことを示す.よって §3.1 と同じく,次の微分方程式系ができる.

$$(4.1) \begin{cases} \dfrac{dN_1}{dt} = N_1[\varepsilon_1 - r_1 F(N_1, N_2, \cdots, N_n)], \\ \dfrac{dN_2}{dt} = N_2[\varepsilon_2 - r_2 F(N_1, N_2, \cdots, N_n)], \\ \cdots\cdots\cdots\cdots\cdots\cdots\cdots\cdots\cdots\cdots\cdots\cdots\cdots\cdots\cdots\cdots, \\ \dfrac{dN_n}{dt} = N_n[\varepsilon_n - r_n F(N_1, N_2, \cdots, N_n)]. \end{cases}$$

ここで,$\varepsilon_i, r_i > 0 \; (i=1, 2, \cdots, n)$ である.

この方程式系から,r 番目と s 番目の方程式をとって,

$$\frac{1}{r_r N_r}\frac{dN_r}{dt} - \frac{1}{r_s N_s}\frac{dN_s}{dt} = \frac{\varepsilon_r}{r_r} - \frac{\varepsilon_s}{r_s},$$

または,

$$\frac{d}{dt}\left[\log N_r^{1/r_r} - \log N_s^{1/r_s}\right] = \frac{\varepsilon_r}{r_r} - \frac{\varepsilon_s}{r_s}.$$

さらに,

$$\frac{N_r^{1/r_r}}{N_s^{1/r_s}} = C e^{(\varepsilon_r/r_r - \varepsilon_s/r_s)t}.$$

ここで
$$C = \frac{(N_r{}^0)^{1/r_r}}{(N_s{}^0)^{1/s}}$$
である.

$F(N_1, \cdots, N_n)$ は次の条件をみたす連続的微分可能な函数とする.

1°. $F(0, 0, \cdots, 0) = 0$.

2°. 各変数 N_i について, 他の変数をとめて単調増加.

3°. 各 i について, $\lim\limits_{N_i \to +\infty} F(N_1, \cdots, N_i, \cdots, N_n) = +\infty$.

このとき §2.4 の定理により, 解の唯一性を媒介として, 初期値, $N_i{}^0 \geqq 0$ (すべての i について)ならば $t > 0$ に対して $N_i(t) \geqq 0$ ($i = 1, 2, \cdots, n$) が保証される. もちろん右辺のなめらかさから局所的解の存在がいえるがさらに, F の単調性を利用して,

$$\begin{cases} \dfrac{dN_1{}'}{dt} = N_1{}'[\varepsilon_1 - \gamma_1 F(N_1{}', 0, 0, \cdots, 0)], \\ \dfrac{dN_2{}'}{dt} = N_2{}'[\varepsilon_2 - \gamma_2 F(0, N_2{}', 0, \cdots, 0)], \\ \cdots\cdots\cdots\cdots\cdots\cdots\cdots\cdots\cdots\cdots\cdots\cdots, \\ \dfrac{dN_n{}'}{dt} = N_n{}'[\varepsilon_n - \gamma_n F(0, \cdots, 0, N_n{}')] \end{cases}$$

を同じ非負の初期値で考える. $N_i{}'^0 = N_i{}^0$ ($i = 1, 2, \cdots, n$) である. こうすると, 各 i について $N_i{}'(t)$ は有界であることは, §3.1 の方程式と同じであり, また
$$N_i(t) \leq N_i{}'(t)$$
が保証されるので, 結局, すべての解は $[0, +\infty)$ の t で有界であり, 大局的な解の存在も保証された.

ここで更に仮定して,

(4.2) $$\frac{\varepsilon_1}{\gamma_1} > \frac{\varepsilon_2}{\gamma_2} > \frac{\varepsilon_3}{\gamma_3} > \cdots > \frac{\varepsilon_n}{\gamma_n}$$

とすると, 明らかに $r > s$ ならば

$$\lim_{t\to\infty}\frac{N_r^{1/r_r}}{N_s^{1/r_s}}=+\infty$$

である．したがって

(4.3) $$\lim_{t\to+\infty}\frac{N_1^{1/r_1}}{N_i^{1/r_i}}=+\infty \qquad (i>1).$$

一方，$N_1(t)$ が $t\to+\infty$ のとき有界にとどまることは示した．よって，

$$\lim_{t\to\infty}N_i(t)=0 \qquad (i=2,3,\cdots,n)$$

である．2種のみのときと同じく $N_1(t)$ のみ 0 とならずに一定の平衡値 $\bar{N}_1$ に近づく．

$$\varepsilon_1-\gamma_1 F(\bar{N}_1,0,0,\cdots,0)=0$$

をみたすものである．

$F(N_1,N_2,\cdots,N_n)=\lambda_1 N_1+\lambda_2 N_2+\cdots+\lambda_n N_n (\lambda_i>0)$ はその特別な例となる．

4.2 当量仮説

ある限られた地域に n 種の生物個体群があり，その個体数を時刻 t において $N_1(t),\cdots,N_n(t)$ とする．またこれらのうちのいくつかは互いに食物関係をもち，それぞれが単独でその地域にいる場合には，この n 種以外に食物をもつ生物はある増殖率でマルサスの法則通り増殖するものとし，もしその種がえさとして，この n 種の中の他のものを食べている生物であって，単独でいる場合にはえさがなく個体数を減少させるので負の増殖率をもつものと考える．このようにして，第 i 種がもつ単独でいたときの増殖率を $\varepsilon_i (i=1,2,\cdots,n)$ としよう．よってここでは ε_i は正または負または0を許すことになる．ところでこれらの種に属する個体が出会うとき次のようになることを仮定する．

当量仮説 第 r 種と第 s 種が dt 時間内に出会う数は両方の個体数 N_r, N_s の積に比例するとして $m_{rs}N_rN_s dt$ とする．第 r 種のうち一定の割合が第 s 種に食べられるものとし，割合を示す数 $p_{rs} (0<p_{rs}<1)$ をかけて，$p_{rs}m_{rs}N_rN_s dt$ がこれを表わすものとする．そのとき，

『第 s 種によって食べられた第 r 種の個体の総重量が直ちにそれを第 s 種の平均重量で割った第 s 種の個体数だけを発生せしめると考える．』

これが当量仮説であるが今，第 i 種の平均個体重量を β_i とする（$i=1,2,\cdots,n$）．上の仮説により第 r 種と，第 s 種の出会いによる各個体数の増減を考えてみる．

$$\frac{\beta_r p_{rs} m_{rs} N_r N_s}{\beta_s} dt \text{ だけ第 } s \text{ 種は増加,}$$

$$p_{rs} m_{rs} N_r N_s dt \text{ だけ第 } r \text{ 種は減少}$$

である．よって $a_{rs}=m_{rs}p_{rs}\beta_r$ とかくと，$-a_{rs}N_rN_sdt$ が第 r 種の減少総体重であり，$a_{sr}=-m_{rs}p_{rs}\beta_r$, $a_{sr}=-a_{rs}$ となって，$a_{rs}N_rN_sdt$ は第 s 種の増加総重量である．更に

『2種以上の出会いはないものとする．』

という仮定とともに上のことを**当量仮説**とよぶ．この仮定のもとに次のように §3.2 の場合の一般化の方程式系が得られる．

$$(4.4) \qquad \frac{dN_r}{dt}=\varepsilon_r N_r+\sum_{s=1}^{n}\frac{a_{sr}}{\beta_r}N_rN_s \quad (r=1,2,\cdots,n),$$

または

$$(4.4)' \qquad \beta_r\frac{dN_r}{dt}=\Big(\varepsilon_r\beta_r+\sum_{s=1}^{n}a_{sr}N_s\Big)N_r \quad (r=1,2,\cdots,n).$$

当量仮説の別の表現として，次のような値を考える．

$$(4.5) \qquad V(t)=\sum_{i=1}^{n}\beta_i N_i(t).$$

これは，これらの n 種の個体群のあつまり，**群集**（association）の総重量であるが，これが**出会いに関しては不変である**というのが上の**当量仮説**である．一般的に，β_i は必ずしも平均体重とは限らずある正の量として，これが成立することをも当量仮説とよぶ．また，そのときは (4.5) の $V(t)$ をその群集の**値**とよぶ．

例1 §3.2 で述べたえじきと捕食者の関係は正にこの一例である．つまり

4.2 当量仮説

$$(4.6) \quad \begin{cases} \dfrac{dN_1}{dt} = (\varepsilon_1 - \mu_1 N_2) N_1, \\ \dfrac{dN_2}{dt} = -(\varepsilon_2 - \mu_2 N_1) N_2. \end{cases}$$

β_1 を任意の正の数として，$\mu_1 \beta_1 = a_{12} = -a_{21}$ とおけば，$\beta_1 = \dfrac{a_{12}}{\mu_1}$, $\beta_2 = \dfrac{a_{12}}{\mu_2}$ ときめることにより，

$$\begin{cases} \beta_1 \dfrac{dN_1}{dt} = (\varepsilon_1 \beta_1 + a_{21} N_2) N_1, \\ \beta_2 \dfrac{dN_2}{dt} = (-\varepsilon_2 \beta_2 + a_{12} N_1) N_2 \end{cases}$$

とかける．この場合 β_1 は必ずしも平均体重でなくてよい．体重に関しての当量仮説がなくても上の方程式はみちびけるわけである．

注1 上のような食物関係をもつ2種を，組合せ論的グラフ [6] を用いると次のようになる．矢印は物質が食べられて，移動する方向につける．

$$\longrightarrow ① \longrightarrow ②$$

こうすればたとえば §4.1 での n 種が同一の食物を食べる場合は

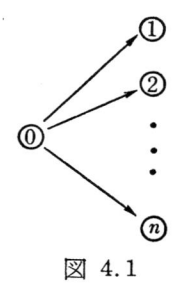

図 4.1

となり，また上の例1の拡張として，次のような食物連鎖が考えられる．

$$① \longleftarrow ② \longleftarrow \cdots \cdots \longleftarrow ⓝ \longleftarrow \cdots$$

図 4.2

これについても当量仮説なしで，微分方程式系がみちびかれ，かつまたそれを当量仮説（一般化）をみたす (4.4) の形にかえられる．

その場合の方程式は：

$$(4.7)\begin{cases} \dfrac{dN_1}{dt} = (\varepsilon_1 + \gamma_1' N_2) N_1, \\ \dfrac{dN_2}{dt} = (\varepsilon_2 - \gamma_2 N_1 + \gamma_2' N_3) N_2, \\ \quad\cdots\cdots\cdots\cdots\cdots\cdots\cdots\cdots\cdots, \\ \dfrac{dN_r}{dt} = (\varepsilon_r - \gamma_r N_{r-1} + \gamma_r' N_{r+1}) N_r, \\ \quad\cdots\cdots\cdots\cdots\cdots\cdots\cdots\cdots\cdots, \\ \dfrac{dN_n}{dt} = (\varepsilon_n - \gamma_n N_{n-1}) N_n. \end{cases}$$

次のように a_{rs}, β_r を定めるならば，一般化された意味で当量仮説は成立しているといえる．

$\beta_1 > 0$ を任意にとって，$\gamma_1' = \dfrac{a_{21}}{\beta_1}$, $-\gamma_2 = \dfrac{a_{12}}{\beta_2}$, $\gamma_2' = \dfrac{a_{32}}{\beta_2}$, $\cdots$, $-\gamma_r = \dfrac{a_{r-1,r}}{\beta_r}$, $\gamma_r' = \dfrac{a_{r+1,r}}{\beta_r}$, $\cdots$, $-\gamma_n = \dfrac{a_{n-1,n}}{\beta_n}$ となるように $\beta_2, \cdots, \beta_n, a_{rs}$ を定めればよい．

注2 上の (4.6)，(4.7) の例については，次の連立方程式を考える．

$$(4.8)\begin{cases} \varepsilon_1 + \gamma_1' N_2 = 0, \\ \varepsilon_2 - \gamma_2 N_1 + \gamma_2' N_3 = 0, \\ \quad\cdots\cdots\cdots\cdots\cdots\cdots, \\ \varepsilon_r - \gamma_r N_{r-1} + \gamma_r' N_{r+1} = 0, \\ \quad\cdots\cdots\cdots\cdots\cdots\cdots, \\ \varepsilon_{n-2} - \gamma_{n-2} N_{n-3} + \gamma'_{n-2} N_{n-1} = 0, \\ \varepsilon_{n-1} - \gamma_{n-1} N_{n-2} + \gamma'_{n-1} N_n, \\ \varepsilon_n - \gamma_n N_{n-1} = 0. \end{cases}$$

問題の食物連鎖では $\varepsilon_i < 0$ $(i=1,\cdots,n-1)$, $\gamma_i' > 0$ $(i=1,2,\cdots,n-1)$, $\gamma_i > 0$ $(i=2,3,\cdots,n)$ である．したがって (4.8) をみたす N_i の符号はつねに正とは限らない．

ここで (4.4) に関する一般的な結果を述べておこう．まず (4.4) の形から局所的解の存在は §2.1, 2.2, 2.3 により，ただ1つの解が存在すること，およ

び §2.4 の定理の仮定は (4.4) であっても成立するから，初期値が非負であれば解も非負である．しかしこれ以上は今のところ何もわからない．そこで $\{\varepsilon_r\}$ に対する仮定をおいて次のような一般的な結果をだそう．つねに初期値は非負のものを考えている．

　　A)【すべての $\varepsilon_i<0$ であれば，すべての i について，$\lim_{t\to\infty} N_i(t)=0$ である．】

証明　次の式 (4.9) を用いる．(4.4)′ をたしあわせて，

(4.9)
$$\sum_{r=1}^n \beta_r \frac{dN_r}{dt} = \sum_{r=1}^n \varepsilon_r \beta_r N_r.$$

一方，すべての，$\varepsilon_i<0$ であるから $-\varepsilon = \max_{i=1,\cdots,n}\varepsilon_i < 0$ がとれる．(4.9) により

$$\frac{dV}{dt} \le -\varepsilon V.$$

よって
$$V(t) \le V(0) e^{-\varepsilon t}.$$

したがって $\lim_{t\to+\infty} V(t)=0$，$\{\beta_r\}$ は正であり，$N_i(t)$ は非負であるから，結論がでる． (証明終)

　　B)【すべての i について $\varepsilon_i>0$，のとき，総個体数 $\sum_{i=1}^n N_i(t)$ は $t\to+\infty$ のとき $+\infty$ になる．】

証明　$\min_{i=1,2,\cdots,n}\varepsilon_i=\varepsilon$, (4.9) より

$$\frac{dV}{dt} \ge \varepsilon V, \quad \text{また} \quad \max_{i=1,2,\cdots,n}\beta_i=\beta,$$

$$V(t) \ge V(0) e^{\varepsilon t}, \quad V = \sum_{i=1}^n \beta_i N_i \le \beta \sum_{i=1}^n N_i,$$

$$\sum_{i=1}^n N_i(t) \ge \frac{V(0)}{\beta} e^{\varepsilon t} \to +\infty. \tag*{(証明終)}$$

注 3【もし，少なくとも 1 つの i について，$\varepsilon_i>0$ であればすべての $N_i(t) \to 0\ (t\to+\infty)$ となることはない．】

なぜなら，もしすべての $N_i(t)\to 0(t\to +\infty)$ とする．$\varepsilon_l>0$ と仮定すると，l 番目の方程式で，

$$\frac{dN_l}{dt}>\frac{\varepsilon_l}{2}N_l$$

としてよい．よって

$$N_l(t)>N_l(0)e^{\frac{\varepsilon_l}{2}t}\to +\infty.$$

C) 【すべての i について，$\varepsilon_i=0$ の場合，このとき，$V(t)=\sum_{i=1}^{n}\beta_i N_i(t)$ は定数となり，したがって，$\sum N_i(t)$ は，2つの正の値の間にある．】

証明 ほとんど自明で(4.9)を用いればよい．

$$\frac{1}{\max_{i=1,2,\cdots,n}\beta_i}V(t)\le \sum N_i(t)\le \frac{1}{\min_{i=1,2,\cdots,n}\beta_i}V(t). \qquad \text{(証明終)}$$

注 4 以上のいずれの場合にも，初期値問題の解は大局的に $0<t<+\infty$ で存在することは，§2.2 系によって証明できる．つまり A), B), C) のいずれの場合にも，有限の t で $N(t)$ が ∞ になることはふせげる．

最後に平衡点(stationary point)が存在すれば，それは次の連立方程式系をみたす．

(4.10) $$\sum_{s=1}^{n}a_{rs}N_s=\varepsilon_r\beta_r \qquad (r=1,2,\cdots,n).$$

これは注2で特別な場合について述べたごとく，必ずしも全部の $N_i>0$ であるような解をもつとはかぎらない．

4.3 偶数個の種の個体群からなる群集

ここではまず線型連立1次方程式(4.10)の係数行列式:

(4.11) $$D=\begin{vmatrix} 0 & a_{12} & \cdots & a_{1n} \\ a_{21} & 0 & & \\ \multicolumn{4}{c}{\cdots\cdots\cdots\cdots\cdots} \\ a_{n1} & & a_{n\,n-1} & 0 \end{vmatrix}$$

4.3 偶数個の種の個体群からなる群集

について

『$D \neq 0$』

を仮定しよう．そのとき符号は正である．なぜなら反対称行列(anti-symmetric)の行列式は偶数次のとき必ず非負である(証明は注7).

さて行列式(4.11)における a_{hk} の余因子(cofactor)を A_{hk} とする．$[A_{hk}]$ も反対称である．

$$A_{hk} = -A_{kh}.$$

方程式(4.4)′と(4.9)を用いて，**第1積分**を求めよう．(第1積分とは，微分方程式の解に沿って定数となるような函数のことである．たとえば，§3.2の(3.13)″における $f(N_1, N_2)$ は方程式(3.11)の第1積分である.)

まず方程式(4.4)′を次の形にかく．右辺と左辺を交換して，

$$\sum_{s=1}^{n} a_{sr} N_s = \beta_r \frac{d \log N_r}{dt} - \varepsilon_r \beta_r \qquad (r = 1, 2, \cdots, n).$$

これはこの節の仮定によって N_s について解ける．

(4.12) $$D \cdot N_h = \sum_{r=1}^{n} A_{hr}\left(\beta_r \frac{d \log N_r}{dt} - \varepsilon_r \beta_r\right),$$

$$\sum_{h=1}^{n} \beta_h \varepsilon_h N_h = \frac{1}{D} \sum_{h=1}^{n} \varepsilon_h \beta_h \sum_{r=1}^{n} A_{hr}\left(\beta_r \frac{d \log N_r}{dt} - \varepsilon_r \beta_r\right)$$

$$= \frac{1}{D} \sum_{h=1}^{n} \sum_{r=1}^{n} \varepsilon_h \beta_h A_{hr} \beta_r \frac{d \log N_r}{dt} - \frac{1}{D} \sum_{r=1}^{n} \sum_{h=1}^{n} \varepsilon_h \beta_h \varepsilon_r \beta_r A_{hr}.$$

第2項は0であるので(反対称性による)，

$$= \frac{1}{D} \sum_{r=1}^{n} \left[\frac{d \log N_r}{dt} \beta_r \left(\sum_{h=1}^{n} A_{hr} \varepsilon_h \beta_h\right)\right].$$

一方，平衡点を $(q_1, \cdots, q_n)$ は(4.10)の解であるから，

(4.13) $$q_e = -\frac{1}{D} \sum_{r=1}^{n} A_{er} \beta_r \varepsilon_r = \frac{1}{D} \sum_{r=1}^{n} A_{re} \beta_r \varepsilon_r = \frac{1}{D} \sum_{h=1}^{n} A_{he} \beta_h \varepsilon_h$$

を上の式に代入して，

$$\sum_{h=1}^{n} \varepsilon_h \beta_h N_h = \sum_{r=1}^{n} \beta_r q_r \frac{d \log N_r}{dt}.$$

(4.9) と比較することによって,

$$\sum_{r=1}^{n} \beta_r \left(\frac{dN_r}{dt} - q_r \frac{d\log N_r}{dt} \right) = 0$$

を得る. 更にかきかえて,

$$\sum_{r=1}^{n} \beta_r (N_r - q_r \log N_r) = 定数.$$

また別のかき方で,

(4.14) $$\left(\frac{e^{N_1}}{N_1^{q_1}} \right)^{\beta_1} \left(\frac{e^{N_2}}{N_2^{q_2}} \right)^{\beta_2} \cdots \left(\frac{e^{N_n}}{N_n^{q_n}} \right)^{\beta_n} = 定数.$$

これで, いわゆる第1積分が方程式系 (4.4) に対して得られた (ただし n 偶数 かつ $D>0$ の仮定の下に). よって再び §2.2 の系によって初期値問題の解は大局的につまり $0<t<+\infty$ に対して存在する.

次に重要な仮定をつけ加えよう.

仮定『$q_i>0 \, (i=1,2,\cdots,n)$』

である. この仮定は §3.2 のえじきと捕食者の場合はこの条件は自動的にみたされていたが, 注2に述べたように, 食物連鎖が1重の簡単な例, (4.7) についても必ずしもみたされていない. しかしこの条件が満足されている場合も多く, えじきと捕食者の自然な拡張として, 種々の性質が以下に導き出される.

まず, 簡単な不等式, $x>0$ のとき $\frac{e^x}{x} \geq e$ を思い出しておこう. $n_i = \frac{N_i}{q_i}$ ($i=1,2,\cdots,n$) とおくと, (4.14) は次のようにかける.

(4.14)′ $$\left(\frac{e^{n_1}}{n_1} \right)^{q_1\beta_1} \left(\frac{e^{n_2}}{n_2} \right)^{q_2\beta_2} \cdots \left(\frac{e^{n_n}}{n_n} \right)^{q_n\beta_n} = C.$$

上の不等式より,

$$C \geq e^{\sum_{r=1}^{n} q_r \beta_r}.$$

更に,

$$\left(\frac{e^{n_1}}{n_1} \right)^{q_1\beta_1} = \frac{C}{\left(\frac{e^{n_2}}{n_2} \right)^{q_2\beta_2} \cdots \left(\frac{e^{n_n}}{n_n} \right)^{q_n\beta_n}} \leq \frac{C}{e^{q_2\beta_2+\cdots+q_n\beta_n}} = \frac{Ce^{q_1\beta_1}}{e^{\sum_r q_r\beta_r}}.$$

4.3 偶数個の種の個体群からなる群集

一般に

$$\left(\frac{e^{n_r}}{n_r}\right)^{q_r\beta_r} \leqq K e^{q_r\beta_r}, \qquad K = \frac{C}{e^{\sum_r q_r\beta_r}} \geqq 1 \qquad (r=1,2,\cdots,n).$$

よって次の不等式が成立する．

(4.15) $$\frac{e^{n_r}}{n_r} \leqq K^{1/q_r\beta_r} e \qquad (r=1,2,\cdots,n).$$

$y=\dfrac{e^x}{x}$ のグラフにより，表示すると図 4.3 のようになる．

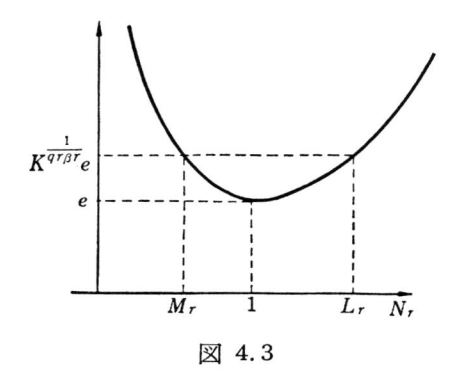

図 4.3

この不等式から，n_r は 1 をその中に含み，両端は初期値のみに依存する区間につねに入っていることがわかる．

まとめて，

【仮定 $q_i>0$ $(i=1,2,\cdots,n)$ のもとで，方程式系 (4.4) の正の初期値からでた解 $N_i(t)$ $(i=1,2,\cdots,n)$ はすべて 2 つの正の定数の間に入っていることが示せた．この 2 つの正の定数は $N_i(0)$ $(i=1,2,\cdots,n)$ のすべてに依存する．】

注 5 もし，初期値 N_r^0 を q_r に十分近づけると，

$$n_i^0 \to 1, \qquad \frac{e^{n_i^0}}{n_i^0} \to e, \qquad C \to e^{\sum_r q_r\beta_r}, \qquad K \to 1, \qquad eK^{1/q_i\beta_i} \to e$$

となり図をみればわかるように，時刻 t を固定すれば，$N_r(t)$ は q_r に近くなる．この意味で平衡点 $\{q_i\}$ $(i=1,2,\cdots,n)$ は安定である．しかしわれわれは $t\to+\infty$ のときの $N_i(t)$ の挙動についてはいっていない．また (4.4) には N_i

$=0$ $(i=1,2,\cdots,n)$ という解もあるが，これは不安定といってもよいであろう．

さて，次に $t\to+\infty$ における解の挙動を分析するために次のような言葉を導入しよう．

変化有界：$N(t)$ がすべての t に対して，2つの正定数の間に含まれる場合，つまり，$a,b>0$ が存在して，
$$a<N(t)<b$$
となる場合に $N(t)$ は変化有界とよぶ．実例は上ですでにみた．

無限振動：任意の $t_0>0$ をとって，区間 $(t_0,+\infty)$ につねに $N(t)$ の最大と最小が存在するとき，$N(t)$ は無限振動であるとよぶ．

例はえじきと捕食者がそうであった．

漸近的な極限をもつ：$N(t)$ がある $t_0>0$ より先では単調かまたは定数となって $t\to+\infty$ のときある極限に近づくとき，漸近的な極限をもつとよぶ．

たとえば §4.1 の同一の食物を争う場合がそうである．

振動が減衰的である：$N(t)$ が漸近的でなく，$t\to+\infty$ のとき極限をもつとき，振動が減衰的であるとよぶ．

非減衰的な振動：$N(t)$ が無限振動であり，その振動が減衰的でないときをいう．

注 6 $N(t)$ が変化有界かつ $t\to+\infty$ での極限をもたぬとき，非減衰無限振動である．くわしくいえば，すべての $T>0$ について，T に独立な $a>0$ があり，必ず
$$|N(t)-N(t')|>a$$
となる t,t' が $[T,+\infty)$ にある．なぜならば，S_T, I_T を次のものとする．
$$S_T=\sup_{T\leq t<+\infty} N(t), \qquad I_T=\inf_{T\leq t<+\infty} N(t).$$
S_T は非増加であり，I_T は非減少でしかも
$$I_T\leq S_T$$
であるから，

$$\lim_{T\to+\infty} S_T = S, \qquad \lim_{T\to+\infty} I_T = I$$

が存在する．$S \neq T$ であるから（極限がない）

$$\frac{S-I}{2} = a$$

とおけば上の条件をみたす．

これらの言葉を用いると，(4.4) の解について $t \to +\infty$ の挙動を示す次の命題ができる．

【すべての i について，$q_i > 0$ の場合，(4.4) の初期値正の解としての $N_i(t)$ は，$N_i(0) = q_i (i=1, 2, \cdots, n)$ という場合を除いて，つねに少なくとも一つは非減衰無限振動である．】

証明 1°. 今，$N_i(t) (i=1, 2, \cdots, n)$ が極限 $l_i (i=1, 2, \cdots, n)$ をもったとする．そのとき $l_i = q_i$ でなければならない．これは §2.5 の定理により（定理の後の注4）明らかである．

2°. よって $n_i(t) = \dfrac{N_i(t)}{q_i} \to 1 \, (t \to +\infty) \, (i=1, 2, \cdots, n)$ である．よって $\dfrac{e^{n_i}}{n_i} \to e \, (t \to +\infty)$．

$$\left(\frac{e^{n_1}}{n_1}\right)^{q_1\beta_1}\left(\frac{e^{n_2}}{n_2}\right)^{q_2\beta_2}\cdots\left(\frac{e^{n_n}}{n_n}\right)^{q_n\beta_n} \to e^{\sum_r q_r\beta_r}.$$

一方，第1積分は t について不変であるから，

$$\left(\frac{e^{n_1^0}}{n_1^0}\right)^{q_1\beta_1}\cdots\left(\frac{e^{n_n^0}}{n_n^0}\right)^{q_n\beta_n} = e^{\sum_r q_r\beta_r}.$$

一方，$\dfrac{e^{n_i^0}}{n_i^0} \geq e$ であるから $n_i^0 = 1 (i=1, 2, \cdots, n)$ である．ここで n_i^0 は n_i の初期値である． （証明終）

平均の保存則 微分方程式 (4.4) を t_0 から t まで積分する．

$$\beta_r \log \frac{N_r}{N_r^0} = \varepsilon_r\beta_r(t-t_0) + \sum_{s=1}^{n} a_{sr}\int_{t_0}^{t} N_s(\tau)d\tau,$$

$$\mathcal{N}_s(t) = \frac{1}{t-t_0}\int_{t_0}^{t} N_s(\tau)d\tau, \qquad ((t_0, t) \text{ での } N_s \text{ の平均})$$

とおくと，$\mathfrak{N}_s(t)$ に関する1次連立方程式ができる：

$$\frac{\beta_r}{t-t_0}\log\frac{N_r}{N_r^0}=\varepsilon_r\beta_r+\sum_{s=1}^{n}a_{sr}\mathfrak{N}_s.$$

$\mathfrak{N}_s$ について解けて，

$$D\cdot\mathfrak{N}_h=\sum_{r=1}^{n}A_{hr}\left(\frac{\beta_r}{t-t_0}\log\frac{N_r}{N_r^0}-\varepsilon_r\beta_r\right) \quad (h=1,2,\cdots,n).$$

$t\to+\infty$ のとき，右辺第1項は消える．なぜなら変化有界性で $\log\dfrac{N_r(t)}{N_r^0}$ は有界である．よって，

$$\mathfrak{N}_h(+\infty)=q_h \quad (h=1,2,\cdots,n).$$

【すべての i について，$q_i>0$ のとき，$N_h(t)$ の長時間平均 $\mathfrak{N}_s(+\infty)=q_s(s=1,2,\cdots,n)$ がでる．】

$\mathfrak{N}_s(+\infty)$ のことを漸近平均値とよぶ．漸近平均値は平衡値に等しいのである．

平均値に対する打撃の影響 ここで仮定をふやして，§3.2 のまた別の拡張である特別な場合を取扱うことにする．この偶数種の群集は2つのグループに分かれ，一方はえじきの集団であり，もう一方は捕食者の集団であるとする．それぞれの集団中では食関係はないものとする．4種の場合を組合せ論的グラフで表示すると，1，2の種はえじきで，3，4の種は捕食者であるとする．

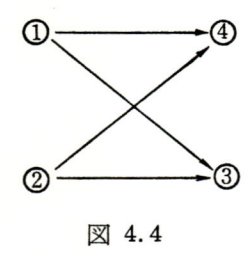

図 4.4

(4.4) における反対称行列 a_{ij} は，

$$a_{hk}=0, \quad h\leq p,\ k\leq p,$$
$$a_{ij}=0, \quad i>p,\ j>p.$$

よって行列式は

4.3 偶数個の種の個体群からなる群集

$$\begin{vmatrix} 0 & \cdots & 0 & a_{1\,p+1} & a_{1n} \\ 0 & \cdots & 0 & a_{p\,p+1} & a_{pn} \\ a_{p+1\,1} & \cdots & a_{p+1\,p} & 0 & \cdots & 0 \\ a_{n1} & \cdots & a_{np} & 0 & \cdots & \end{vmatrix}$$

となる．$p \neq n/2$ のときのこの行列式は 0 である．なぜなら，もしたとえば $p > n/2$ とすれば $p > n-p$ であるから，行列式の定義の一項は $a_{1i_1} a_{2i_2} \cdots a_{pi_p} \cdots a_{ni_n}$ であって，はじめの $i_1, \cdots, i_p$ を $1, 2, \cdots, p$ 以外のみでとることは不可能である．よってこの節の仮定 $D \neq 0$ より，$p = n/2$ である．よって行列式 D は

$$(4.16) \qquad D = (-1)^{n/2} \begin{vmatrix} a_{1\,p+1} & \cdots & a_{1n} \\ a_{p\,p+1} & \cdots & a_{pn} \end{vmatrix} \cdot \begin{vmatrix} a_{p+1\,1} & \cdots & a_{p+1\,p} \\ a_{n1} & \cdots & a_{np} \end{vmatrix}.$$

反対称性から

$$= (-1)^n d^2, \qquad d = \begin{vmatrix} a_{1\,p+1} & \cdots & a_{1n} \\ a_{p\,p+1} & \cdots & a_{pn} \end{vmatrix}$$

$$= d^2,$$

であり，$D \neq 0$ より $d \neq 0$ である．そこで平衡点を求めると，$q_1, \cdots, q_n$ のみたす方程式は次のものである．

$$(4.17) \qquad \begin{cases} a_{1\,p+1} q_{p+1} + \cdots + a_{1\,2p} q_{2p} = \varepsilon_1 \beta_1, \\ \cdots\cdots\cdots\cdots\cdots\cdots\cdots\cdots\cdots, \\ a_{p\,p+1} q_{p+1} + \cdots + a_{p\,2p} q_{2p} = \varepsilon_p \beta_p, \\ a_{p+1\,1} q_1 + \cdots + a_{p+1\,p} q_p = \varepsilon_{p+1} \beta_{p+1}, \\ \cdots\cdots\cdots\cdots\cdots\cdots\cdots\cdots\cdots, \\ a_{2p\,1} q_1 + \cdots + a_{2p\,p} q_p = \varepsilon_{2p} \beta_{2p}. \end{cases}$$

$$\varepsilon_1, \cdots, \varepsilon_p < 0, \quad \varepsilon_{p+1} > 0 \cdots \varepsilon_{2p} > 0.$$

1 種から p 種まで捕食者であり，のこりはえじきである．

そこでこの群集に対して，時間について一様な，そのとき存在する個体数に対して比例した打撃があたえられ，しかも (4.17) の解 q_i の正という仮定が保たれるぐらいのあまり大きくないものであると，捕食者については，ε_i は $\varepsilon_i - b_i \lambda$ とかわり，えじきについては ε_j は $\varepsilon_j - a_j \lambda$ とかわり，ここで a_i, b_i は打

撃のうけかたを表わす定数とすると，結局次の結論を得る（2種のときと同じ）．打撃によって

【えじきである種の平均値の少なくとも1種の $q_i(i>p)$ はふえ，捕食者である種の平均値の少なくとも1種の $q_j(j\leq p)$ はへる．】

$\varepsilon_i=0\,(i=1,2,\cdots,n)$ である場合 上にみたように一般にたとえば打撃というような人工的なことによってすべての $\varepsilon_i=0$ としてしまうことがある．その場合方程式系 (4.4) は出会いの影響のみである．この場合も調べておこう．

すでに §4.2 でみたように，この場合には

$$(4.18) \qquad \sum_{r=1}^{n}\beta_r N_r(t)=定数$$

となり，2つの正定数 a,b が存在して

$$a<\sum_{i=1}^{n}N_i(t)<b$$

であることはのべた．この場合 $D\neq 0$ は仮定してあるので，平衡点の方程式 (4.10) の右辺は 0 であり，したがって，$q_i=0\,(i=1,2,\cdots,n)$ となる．よって，(4.4) より，

$$\beta_r\frac{dN_r}{dt}=\sum_{s=1}^{n}a_{sr}N_s N_r$$

となり，

$$\beta_r\frac{d\log N_r}{dt}=\sum_{s=1}^{n}a_{sr}N_s.$$

クラメル (Cramer) の方法で解くと，

$$D\cdot N_s=\sum_{r=1}^{n}A_{sr}\beta_r\frac{d\log N_r}{dt}$$

を得る．これを (4.18) に代入すると，

$$\sum_{s=1}^{n}\beta_s\sum_{r=1}^{n}A_{sr}\beta_r\frac{d\log N_r}{dt}=C.$$

これより，

$$(4.19)\qquad N_1^{\beta_1\sum_s\beta_s A_{s1}}N_2^{\beta_2\sum_s\beta_s A_{s2}}\cdots N_n^{\beta_n\sum_s\beta_s A_{sn}}=C_1 e^{Ct}$$

がでる．$C>0$ であるから，右辺は $t\to +\infty$ のとき無限大となる．これが可能なのは左辺のべき指数が少なくとも1つ負となり，それに対応するNが $t\to +\infty$ のとき0に近づくことである．よって結論は次のようになる．

【$\varepsilon_i=0\ (i=1, 2, \cdots, n)$ なるとき，$D\neq 0$ なる仮定のもとにすべての種が変化有界にとどまることはない．有界にとどまることは明らかであるが (4.19)，少なくとも1つの種の個体数が $t\to +\infty$ のとき1つの正定数より大きくとどまり得ない．】

4.4　奇数個の種の個体群からなる群集

(4.4)においてnが奇数のとき，まず必然的に $D=0$ となる．なぜなら行と列をDにおいてかえると行列式はかわらないが，反対称性からかわった行列式では $(-1)^n$ がかかる．これは -1 であるから $D=0$ でしかあり得ない．そこで次の仮定をする

仮定『Dの主値小行列式 $\neq 0$ である．』

ここですべての $n-1$ 次小行列式がもし0であったと仮定しよう．既に§4.3のはじめに述べた結果（証明は次の注7で述べる）により，主値小行列式は偶数次の反対称行列式であり，これは a_{ij} の多項式の2乗となる．もしこれが0であれば a_{ij} の間の関係をあたえることになるのでその場合は考えないことにする．

注7　ここで前節で証明を保留した偶数次の反対称行列式は非負であること，もっと詳しくは

【それが a_{ij} のある多項式の2乗であること】

を示そう．証明は数学的帰納法によって行なわれる．$n-1$（偶数）次の反対称行列についてはこの事実が真であることを仮定して，$n+1$ 次の反対称行列式についてこの事実を示す．そこでAをn次（奇数次）の反対称行列として次のように $n+1$ 次の反対称行列式 D_{n+1} をかき，考察を進める．

$$D_{n+1} = \begin{vmatrix} 0 & x_1 & x_2 & \cdots & x_n \\ -x_1 & & & & \\ -x_2 & & \multicolumn{3}{c}{A} \\ \vdots & & & & \\ -x_n & & & & \end{vmatrix}.$$

この行列式を第1行について展開すれば，その係数は A の第 i 列を上から $(-1)^i x_1, (-1)^i x_2, \cdots, (-1)^i x_n$ でおきかえたものになる．これを更にこの列について展開すると，

$$D_{n+1} = \sum_p \sum_q A_{pq} x_p x_q$$

となる．ここで A_{pq} は A における a_{pq} の余因子で $n-1$ 次の小行列式である．そのうち，$A_{11}, A_{22}, \cdots, A_{nn}$ は再び反対称で $n-1$ 次であるから帰納法の仮定より a_{ij} の多項式の2乗である．$A_{pp} = (\alpha_p)^2 (p=1, 2, \cdots, n)$ とかけるが，この α_p に適当に ± 1 をかけて，A を第 p 行で展開したときの係数と比例するようにする．すると

$$\alpha_p{}^2 = A_{pp},$$
$$\alpha_p \alpha_q = A_{pq}$$

である．後者は，まず絶対値として等しい．なぜなら，

$$A_{pp} A_{qq} = (A_{pq})^2 \quad (|A|=0 \text{ より})$$

でしかも

$$\frac{\alpha_p}{A_{pp}} = \frac{\alpha_q}{A_{pq}}$$

であるから $\alpha_p \alpha_q$ の符号は $A_{pp} A_{pq}$ の符号に等しく，したがって上の式は成立する．よって次の式

$$(\alpha_1 x_1 + \alpha_2 x_2 + \cdots + \alpha_n x_n)^2$$
$$= \sum_p \sum_q A_{pq} x_p x_q = D_{n+1}$$

で証明が終る．

したがって

『$n-1$ 次小行列式の少なくとも1つは0でない場合』

を考えることにし，行列 $[a_{ir}]$ のどれかの行の余因子を $R_1, R_2, \cdots, R_n$ とする．今，奇数次であるから $D=0$ によって

$$\sum_{r=1}^{n} a_{ir} R_r = 0 \quad (i=1, 2, \cdots, n)$$

がでる．(4.4)' の両辺に R_r をかけて r について加えると，

$$\sum_{r=1}^{n} R_r \beta_r \frac{d \log N_r}{dt} = \sum_{r=1}^{n} \varepsilon_r \beta_r R_r.$$

ここでは $\sum_s \sum_r a_{sr} R_r N_s = 0$ をもちいた．

(4.20) $\quad N_1^{\beta_1 R_1} N_2^{\beta_2 R_2} \cdots N_n^{\beta_n R_n} = C e^{(\sum \varepsilon_r \beta_r R_r)t}.$

ここで，仮定

『$\sum_r \varepsilon_r \beta_r R_r \neq 0$』

をおくと，次の結論がでる：

【奇数個の種の個体群からなる群集については，D のすべての余因子が0になる場合および $\sum_r \varepsilon_r \beta_r R_r = 0$ になる場合をのぞいて，$t \to +\infty$ のとき N_i のうちどれかが無限に大きくなるかまたはどれかがいくらでも小さい値をとる．】

次に $\varepsilon_i = 0 \, (i=1, 2, \cdots, n)$ が成立する場合 (4.20)から直ちに

(4.21) $\quad N_1^{\beta_1 R_1} \cdots N_n^{\beta_n R_n} = $ 定数

となる．そこで

　　仮定『$R_i > 0, \, i=1, 2, \cdots, n$』

がつけ加えられたときには次の結論がでる．

【$R_i > 0 \, (i=1, 2, \cdots, n)$ のとき，n 奇数ならすべての $N_i(t)$ は変化有界である．】

証明　$R_i > 0 \, (i=1, 2, \cdots, n)$.

もちろん，$N_i(t) \leqq L$ なる L が存在する $(i=1, 2, \cdots, n)$．

一方，
$$N_i{}^{\beta_i R_i} \geqq \frac{C}{L^{\sum_i \beta_i R_i}}$$
から下からも有界がわかる．次に $t\to +\infty$ での解の挙動をしらべるが，偶数種のときとおなじようにいえる．つまり（4.10）の平衡点を表わす方程式系はこの場合

(4.22) $$\sum_{s=1}^{n} a_{rs} N_s = 0$$

となり，その解が $R_i>0 (i=1,2,\cdots,n)$ なのである． （証明終）

【仮定 $R_i>0 (i=1,2,\cdots,n)$ がみたされ，すべての $\varepsilon_i=0$ のときには，初期値が特別のものである場合をのぞいて $t\to +\infty$ のとき，少なくとも1つの $N_i(t)$ は非減衰無限振動である．】

証明 もしすべての i について $\lim_{t\to\infty} N_i(t)=l_i$ が存在すると（4.22）より
$$l_i = \lambda R_i \quad (i=1,2,\cdots,n)$$
でなければならない．2つの保存則：
$$\sum_{r=1}^{n} \beta_r l_r = \sum_{r=1}^{n} \beta_r N_r{}^0,$$
$$l_1{}^{\beta_1 R_1} l_2{}^{\beta_2 R_2} \cdots l_n{}^{\beta_n R_n} = (N_1{}^0)^{\beta_1 R_1}(N_2{}^0)^{\beta_2 R_2} \cdots (N_n{}^0)^{\beta_n R_n}.$$

したがって，
$$\lambda = \frac{\sum_r \beta_r N_r{}^0}{\sum_r \beta_r R_r}, \quad l_s = R_s \frac{\sum_r \beta_r N_r{}^0}{\sum_r \beta_r R_r},$$

$$\frac{R_1{}^{\beta_1 R_1} \cdots R_n{}^{\beta_n R_n}}{[\sum_r \beta_r R_r]^{\sum \beta_r R_r}} = \frac{(N_1{}^0)^{\beta_1 R_1} \cdots (N_n{}^0)^{\beta_n R_n}}{[\sum_r \beta_r N_r{}^0]^{\sum_r \beta_r R_r}}.$$

この関係式をみたす $N_i{}^0 (i=1,2,\cdots,n)$ でなければならない． （証明終）

平均値に関しても同様に論じられる．(4.4)をこの場合に積分して，

(4.23) $$-\frac{\beta_r}{t-t_0}\log\frac{N_r}{N_r{}^0} = \sum_{s=1}^{n} a_{rs} \frac{1}{t-t_0}\int_{t_0}^{t} N_s(\tau) d\tau,$$

$$\text{(4.24)} \qquad \sum_{s=1}^{n} \beta_s \frac{1}{t-t_0}\int_{t_0}^{t} N_s(\tau)d\tau = \sum_{s=1}^{n} \beta_s N_s^0.$$

(4.23) の最初の $n-1$ 個と (4.24) とを $\dfrac{1}{t-t_0}\displaystyle\int_{t_0}^{t} N_s(\tau)d\tau\ (s=1,2,\cdots,n)$ に関する連立 1 次方程式として解く, $\displaystyle\sum_{r=1}^{n}\beta_r R_r>0$ であるから,係数行列式は $\neq 0$ である. これをふたたびクラメルの方法で解くと,分母は上の係数行列式であり分子は $\dfrac{1}{t-t_0}\log\dfrac{N_r}{N_r^0}$ についての定数係数の線型結合である. このもの自体 $t\to+\infty$ のとき,0 となり,結局漸近平均値

$$\lim_{t\to\infty} \frac{1}{t-t_0}\int_{t_0}^{t} N_s(\tau)d\tau = \mathfrak{N}_s(+\infty)$$

は存在する. しかもそれは平衡点の方程式をみたすから

$$\sum_{s=1}^{n} a_{rs}\mathfrak{N}_s(+\infty)=0 \qquad (r=1,2,\cdots,n).$$

また,

$$\sum_{s=1}^{n} \beta_s \mathfrak{N}_s(\infty) = \sum \beta_s N_s^0$$

である. よって

$$\mathfrak{N}_s(+\infty) = R_s \frac{\sum_r \beta_r N_r^0}{\sum_r \beta_r R_r}.$$

したがって,正の平衡値は初期値によって異なるがいずれも 1 つの定数ベクトル $[R_1, R_2, \cdots, R_n]$ に比例している.

注 8 奇数種の場合にも,解の大局的存在は保証されていることは (4.20) が存在することで明らかである.

注 9 最後の場合について,$R_i>0$ の仮定をやめて,逆に $N_i(t)$ すべての変化有界性を仮定すると漸近平均値の存在がいえてしかもそれがすべて正である. よって

$$\frac{R_i}{\sum_{i=1}^{n}\beta_i R_i}>0 \qquad (i=1,2,\cdots,n)$$

より $R_i>0$ $(i=1,2,\cdots,n)$（あるいは同符号だからそうとってよい）ことがいえて，これにより仮定 $R_i>0$ が変化有界性を保証する一般な条件であることがいえる．

例 1 $n=3$ で組合せ論的グラフで

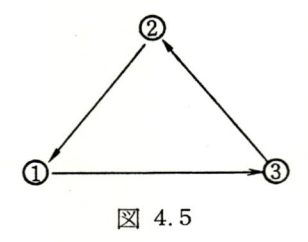

図 4.5

となる場合でしかも $\varepsilon_1=\varepsilon_2=\varepsilon_3=0$ の場合をしらべよう．

$$D=\begin{vmatrix} 0 & a_{12} & a_{13} \\ a_{21} & 0 & a_{23} \\ a_{31} & a_{32} & 0 \end{vmatrix}, \quad \begin{array}{l} a_{12}<0,\ a_{23}<0,\ a_{31}<0, \\ a_{21}>0,\ a_{32}>0,\ a_{13}>0 \end{array}$$

である．方程式系は

$$\beta_1\frac{dN_1}{dt}=(a_{21}N_2+a_{31}N_3)N_1,$$

$$\beta_2\frac{dN_2}{dt}=(a_{12}N_1+a_{32}N_3)N_2,$$

$$\beta_3\frac{dN_3}{dt}=(a_{13}N_1+a_{23}N_2)N_3.$$

$R_1:R_2:R_3=a_{32}:a_{13}:a_{21}$. よって平衡点は定数ベクトル (a_{32},a_{13},a_{21}) の上にある．

第 1 積分は，

(4.25) $\qquad \beta_1N_1+\beta_2N_2+\beta_3N_3=$ 定数,

(4.26) $\qquad N_1^{\beta_1 a_{32}}N_2^{\beta_2 a_{13}}N_3^{\beta_3 a_{21}}=$ 定数.

よって解 $(N_1(t), N_2(t), N_3(t))$ は曲面 (4.25) と (4.26) の切れあった線の上を動き，それは1つの閉曲線であり，その上を回転するがその回転の向きは一定である．なぜならもし向きが反対になれば，そのとき切線ベクトルは0となり，

$$\frac{dN_1}{dt} = \frac{dN_2}{dt} = \frac{dN_3}{dt} = 0$$

が同時に成り立ち，その場合は定数の解になり，これは特別な場合として除かれている．

例2 $n=3$ で，図 4.6 のような食物連鎖の場合，

①←②←③←

図 4.6

(4.27) $\begin{cases} \varepsilon_1 < 0, \quad \varepsilon_2 < 0, \quad \varepsilon_3 > 0, \\ a_{21} > 0, \quad a_{32} > 0, \quad a_{13} = 0. \end{cases}$

たとえば，ある1つの島における①を肉食動物，②を草食動物，③を植物とした場合または，③を植物，②それの寄生植物，①，②の寄生植物などが上の場合である．

$\varepsilon_1 = -\alpha_1, \varepsilon_2 = -\alpha_2, \varepsilon_3 = \alpha_3, a_{21} = a, a_{32} = b$ とおくと，微分方程式系は次のごとくなる．

(4.28) $\begin{cases} \beta_1 \dfrac{dN_1}{dt} = (-\alpha_1 \beta_1 + aN_2)N_1, \\ \beta_2 \dfrac{dN_2}{dt} = (-\alpha_2 \beta_2 - aN_1 + bN_3)N_2, \\ \beta_3 \dfrac{dN_3}{dt} = (\alpha_3 \beta_3 - bN_2)N_3. \end{cases}$

これは奇数種の一般論にしたがって，大局的解の存在はもちろんでる（第1積分の存在）．また非負の初期値に対して，解も非負であるが，有界性または変化有界性はでない．ただし次のことは出る．

【$N_2(t), N_3(t)$ は適当な t_0 が存在して，$t > t_0$ に対しては $\min[\alpha_3 \beta_3/b,$

$\alpha_1\beta_1/a$］より小なある数より小にとどまることおよび $N_3(t)$ は $\alpha_2\beta_2/b$ より小な数より小でありつづけることはともに不可能である．】

証明 矛盾で証明をする．今ある $t_0>0$ が存在して，$t>t_0$ なる t のすべてについて $N_2(t)<\dfrac{\alpha_1\beta_1}{a}-\delta\ (\delta>0)$ とすると，$N_1(t)\to 0\ (t\to+\infty)$ また，$N_2(t)<\dfrac{\alpha_3\beta_3}{b}-\delta$ であるから $N_3(t)\to+\infty\ (t\to+\infty)$ であり，2番目の式から $N_2(t)\to+\infty$ となり自己矛盾である．

一方，$N_3(t)<\dfrac{\alpha_2\beta_2}{b}-\delta\ (\delta>0)$ としても同じことである．$N_2(t)\to 0\ (t\to+\infty)$ より $N_3(t)\to+\infty$ がでる． (証明終)

また次のようにもいえる．

【$N_2(t),N_3(t)$ またはその2つが $\to 0\ (t\to+\infty)$ となることはない．】

【$\alpha_3\beta_3 a-\alpha_1\beta_1 b>0$ であれば $N_3(t)$ は $t\to+\infty$ のとき非有界である．】

証明 第1式と第3式より，

(4.29) $$N_1^{\beta_1 b}N_3^{\beta_3 a}=Ce^{(\alpha_3\beta_3 a-\alpha_1\beta_1 b)t}$$

より

$$N_1(t)^{\beta_1 b}N_3(t)^{\beta_3 a}\to+\infty \quad (t\to+\infty).$$

これは $N_3(t)$ 非有界を意味する．なぜならもし $N_3(t)$ が有界とすれば第2式より

$$N_1(t)\to+\infty \quad (t\to+\infty)$$

から

$$N_2(t)\to 0 \quad (t\to+\infty)$$

がでる．よって第3式より，

$$N_3(t)\to+\infty \quad (t\to+\infty)$$

となって矛盾．したがって $N_3(t)$ は非有界となる．

そこで $\boxed{\alpha_3\beta_3 a-\alpha_1\beta_1 b<0}$ のとき

$$N_1^{\beta_1 b}N_3^{\beta_3 a}\to 0 \quad (t\to+\infty)$$

4.4 奇数個の種の個体群からなる群集

上述のように $N_3 \to 0$ とはならないから，$N_1(t_n) \to 0$ となるような列 $\{t_n\}$ ($t_n \to \infty$) が存在する． (証明終)

注 10 $N_1(t) \to 0 (t \to +\infty)$ になるのではないが上の列 $\{t_n\}$ ($t_n \to +\infty$) がある場合，現象的には $N_1(t_n)$ が十分小になってしまうとき，微分方程式は意味がなくなってしまう．よってこのような $N_1(t)$ の行動を**不正規に 0 に近づく**とよぶ．それに反して $N_1(t) \to 0$ ($t \to +\infty$) のときは**正規に 0 に近づく**とよぶ．

そこで

『 $N_1(t) \to 0$ $(t \to +\infty)$ 』

と仮定してしまうと，$N_2(t), N_3(t)$ はこの 2 種だけの群集の場合 §3.2 の平均値の近くを動くことになる．それは次のようにおくとわかる．

$$\begin{cases} N_2 = \dfrac{\alpha_3 \beta_3}{b}(1+\nu_2), \\ N_3 = \dfrac{\alpha_2 \beta_2}{b}(1+\nu_3). \end{cases}$$

そこで ν_2, ν_3 の小な値の積を無視すれば，

$$(4.30) \quad \begin{cases} \beta_1 \dfrac{dN_1}{dt} = \left(-\alpha_1 \beta_1 + \dfrac{a\alpha_3 \beta_3}{b}\right) N_1, \\ \beta_2 \dfrac{d\nu_2}{dt} = \alpha_2 \beta_2 \nu_3 - aN_1, \\ \beta_3 \dfrac{d\nu_3}{dt} = -\alpha_3 \beta_3 \nu_2, \end{cases}$$

$$N_1(t) = N_1^0 e^{(a\alpha_3\beta_3/b\beta_1 - \alpha_1)(t-t_0)},$$

$$(4.31) \quad \begin{cases} \dfrac{d\nu_2}{dt} - \alpha_2 \nu_3 = \dfrac{-a}{\beta_2} N_1^0 e^{(a\alpha_3\beta_3/b\beta_1 - \alpha_1)(t-t_0)}, \\ \dfrac{d\nu_3}{dt} + \alpha_3 \nu_2 = 0. \end{cases}$$

これは線型方程式であるから陽明的に解ける．

$$\nu_2 = A\sqrt{\alpha_2} \sin(\sqrt{\alpha_2 \alpha_3}\, t + B) - \dfrac{aKN_1^0}{\beta_2(K^2 + \alpha_2 \alpha_3)} e^{K(t-t_0)},$$

$$\nu_3 = A\sqrt{\alpha_3}\cos(\sqrt{\alpha_2\alpha_3}\,t+B) + \frac{a\alpha_3 N_1^0}{\beta_2(K^2+\alpha_2\alpha_3)}e^{K(t-t_0)}.$$

A, B は ν_2^0, ν_3^0 できまる．

4.5 一般化と特別な3種の例

§1.4 においてマルサスの法則から，成長を記述する方程式をだしたがそのとき，増殖係数 ε を $\varepsilon-\lambda N$ でおきかえて方程式をだした．つまり $-\lambda N$ はその種の個体数増大のために成長が飽和する効果である．今までこの章においては他の種との出会いは考慮したが，その種自身の個体数の増大による効果は無視してきた．そこで方程式系 (4.4) において

$$\varepsilon_i \text{ を } \varepsilon_i - \lambda_i N_i$$

でおきかえると次のような微分方程式系ができる．当量仮説はそのままである．

$$(4.32) \quad \beta_r\frac{dN_r}{dt} = \Big(\varepsilon_r\beta_r - \lambda_r\beta_r N_r + \sum_{s=1}^{n} a_{sr}N_s\Big)N_r \quad (r=1,2,\cdots,n)$$

であるが，$a_{rr}=\lambda_r\beta_r$ とおくと（$s\neq r$ のとき）$a_{rs}=-a_{sr}$ であるから

$$(4.33) \quad \beta_r\frac{dN_r}{dt} = \Big(\varepsilon_r\beta_r - \sum_{s=1}^{n} a_{rs}N_s\Big)N_r \quad (r=1,2,\cdots,n)$$

ともかける．ここで $a_{rr}>0$, $a_{rs}=-a_{sr}(r\neq s)$. §4.2 における A, B, C と全く同じように，次の A', B', C' が成立する．証明は前と同じである．

A′) 【すべての $\varepsilon_i<0$ の場合，すべての i について，$N_i(t)\to 0\,(t\to+\infty)$】

B′) 【少なくとも1つの $\varepsilon_i>0$ ならすべての $N_i(t)\to 0\,(t\to\infty)$ とはなりえない．】

C′) 【すべての $\varepsilon_i=0$ のとき，C が存在して

$$\sum_{r=1}^{n}\beta_r N_r \leq C$$

である．】

また，次のことが成立する．

【$N_r(t)$ は正の初期値 N_r^0 から出発すればつねに正であるが，決して

4.5 一般化と特別な3種の例

$t \to +\infty$ のとき $+\infty$ に近づくことはない. くわしくいえば, どれか1つでも $N_r(t)$ が, $t > t_0$ で (t_0 は適当にきめて) つねにある大きい値より大であることはない.】

証明 $\max[\varepsilon_r \beta_r N_r - \beta_r \lambda_r N_r^2] = m_r$ とする.

今, ν_r を $N_r > \nu_r$ ならば $\varepsilon_r \beta_r N_r - \beta_r \lambda_r N_r^2 < -\sum_{s=1}^{n} m_s - \eta$, $\eta > 0$ であるようにえらぶ. さて t_0 が存在して1つの i について
$$N_i(t) > \nu_i \qquad (t > t_0)$$
であったと仮定する.
$$\sum_{r=1}^{n} \beta_r \frac{dN_r}{dt} = \sum_{r=1}^{n} (\varepsilon_r \beta_r N_r - \beta_r \lambda_r N_r^2) < -\eta,$$
$$\sum_{r=1}^{n} \beta_r N_r < -\eta t + C \qquad (t \to +\infty)$$
で $N_r(t) < 0$ となり矛盾. (証明終)

次に平衡点の連立方程式系を考えよう.

(4.34) $$\varepsilon_r \beta_r = \sum_{s=1}^{n} a_{rs} N_s,$$

$$D = \begin{vmatrix} a_{11} & & a_{1n} \\ a_{n1} & & a_{nn} \end{vmatrix} \neq 0 \qquad (係数の行列式).$$

なぜなら, もし0であれば, すべては0でない $\{N_i\}$ について,
$$\sum_{s=1}^{n} a_{rs} N_s = 0, \qquad a_{rr} > 0$$
が成り立ち
$$\sum_{r=1}^{n} (\sum_{s=1}^{n} a_{rs} N_s) N_r = \sum_{r=1}^{n} a_{rr} N_r^2 > 0$$
で矛盾.

したがって (4.34) にはただ1つの解が存在するので $\{q_i\}$ とする. ここで再び
　仮定『$q_i > 0$, $i = 1, 2, \cdots, n$』
をおく. 次の結論が成り立つ.

【$q_i>0$ $(i=1,2,\cdots,n)$ ならばすべての $N_i(t)$ は変化有界である．】

証明 q_s をもちいれば方程式系は次のようにかける．

$$\beta_r \frac{dN_r}{dt} = \sum_{s=1}^{n}(q_s-N_s)a_{rs}N_r \qquad (r=1,2,\cdots,n).$$

$n_r = \dfrac{N_r}{q_r}$ とおくと，

(4.35) $$\beta_r \frac{dn_r}{dt} = n_r \sum_{s=1}^{n} q_s a_{rs}(1-n_s)$$

とかける．

$\sum_{r=1}^{n} \beta_r q_r \left(\dfrac{dn_r}{dt} - \dfrac{d}{dt} \log n_r \right)$ を計算しよう．(4.35) から

$$q_r \beta_r \frac{1-n_r}{n_r} \frac{dn_r}{dt} = \sum_{s=1}^{n} a_{rs}(1-n_s)(1-n_r)q_r q_s.$$

もう一度和をとると，

$$\sum_{r=1}^{n} \beta_r q_r \left(\frac{1-n_r}{n_r} \right) \frac{dn_r}{dt} = \sum_r \sum_s a_{rr} q_r^2 (1-n_r)^2.$$

よって，

$$\sum_{r=1}^{n} \beta_r q_r (\log n_r - n_r) = \int_{t_0}^{t} \sum_{r=1}^{n} a_{rr} q_r^2 (1-n_r)^2 d\tau + 定数,$$

(4.36) $$\left(\frac{e^{n_1}}{n_1} \right)^{q_1\beta_1} \cdots \left(\frac{e^{n_n}}{n_n} \right)^{q_n\beta_n} = Ce^{-\int_{t_0}^{t} \sum_r a_{rr} q_r^2 (1-n_r)^2 d\tau} \qquad (C\ は定数).$$

$n_r \neq 1$ であるかぎり右辺は $t\to+\infty$ のとき 0 に近づく．いずれにしても右辺はある定数でおさえられる．よって次のように変化有界がでる．

$$\left(\frac{e^{n_r}}{n_r} \right)^{q_r\beta_r} \leq K e^{q_r\beta_r},$$

$$K = \frac{C}{e^{\sum_{r=1}^{n} q_r\beta_r}}.$$

ここは §4.3 と全く同じである． (証明終)

ここでは更に強い結果が同じ仮定からでる．

4.5 一般化と特別な3種の例

【$q_i>0$ $(i=1,2,\cdots,n)$ ならばすべての $N_i(t)$ について $\lim_{t\to\infty} N_i(t)$ が存在する．$\lim_{t\to\infty} N_i(t)=q_i$ $(i=1,2,\cdots,n)$．】

(4.36) を用いて $n_i(t)\to 1$ $(t\to+\infty)$ $(i=1,2,\cdots,n)$ をみちびく．(4.36) の左辺は基本的不等式 $e^x/x\geqq e, (x>0)$ を用いれば $\geqq e^{\sum_r q_r \beta_r}$，よって右辺も 0 にはならない．したがって

$$\int_{t_0}^{t}\sum q_r^2 a_{rr}(1-n_r)^2 d\tau.$$

増加かつ有界．

今，少なくとも1つの $n_i(t)$ が $t\to+\infty$ のとき 1 に近づかなかったとする．$\varepsilon>0$ が存在して，$|n_i(t)-1|>\varepsilon$ となるいくらでも大きい t が存在するとする．(4.36) よりすべての $n_i(t)$ は有界である．(4.35) より $\left|\dfrac{dn_i}{dt}\right|$ も有界となる．よって今，$|n_i(\tau)-1|>\varepsilon$ であるなら，τ に依存しない $\eta>0$ が存在して，$|n_i(t)-1|>\varepsilon/2$ が $\tau-\eta\leqq t\leqq \tau+\eta$ なる t について成立する．

$$M=\sup\left|\frac{dn_i}{dt}\right|$$

とし，

$$\eta=\frac{\varepsilon}{2M}$$

ととる．

今，上のことから，次のような $\{t_n\}$ $t_n\to+\infty$ $(n\to\infty)$ がとれる．

$$|t_j-t_{j-1}|\geqq 2\eta,$$
$$|n_i(t)-1|>\varepsilon \quad (t_{j-1}\leqq t\leqq t_j),$$

したがって

$$\int_{t_1}^{t_m}\sum a_{rr}q_r^2(1-n_r)^2 d\tau \geqq a_{ii}q_i^2\frac{\varepsilon^2}{4}(m-1)2\eta.$$

よって

$$\int_{t_1}^{t_m} *\to +\infty \quad (m\to+\infty).$$

このことは矛盾であり，すべての i について $n_i(t) \to 1 (t \to +\infty)$ でなくてはならない．

注 11 すべての $N_i(t)$ について，$\lim_{t \to +\infty} N_i(t)$ の存在を示したが，そのときの仮定 $q_i > 0 (i=1,2,\cdots,n)$ は逆に一番一般なものである．つまり，もし $\lim_{t \to +\infty} N_i(t)$ があったとして，更に変化有界とすればこれは一意的な q_i に等しくなければならない（§2.5 の定理）．よって $q_i > 0 (i=1,2,\cdots,n)$（変化有界）．もちろんこのとき漸近平均値 $\mathcal{N}_s(+\infty)$ も

$$\mathcal{N}_s(+\infty) = q_s \qquad (s=1,2,\cdots,n)$$

である．

注 12 $-\lambda_r N_r$ の項を考えることにより，n 偶奇の区別が消えしかも 1 つの極限の状態が確定した．$-\lambda_r N_r$ は単振動に対する摩擦のような効果をもっている．

小振動についても前節と同じようにしらべることができるが，ここではむしろ，前記の仮定 $q_i > 0 (i=1,2,\cdots,n)$ が破れた場合を考察する．

q_i の中に少なくとも 1 つ負のある場合 $n_r = \dfrac{N_r}{|q_r|}$ とおく．方程式は

$$\beta_r \frac{dn_r}{dt} = n_r \sum_{s=1}^{n} q_s a_{rs} \left(1 - \frac{|q_s|}{q_s} n_s\right),$$

(4.37)
$$\prod_{r=1}^{n} \left(\frac{1}{n_r} e^{(|q_r|/q_r)n_r}\right)^{q_r \beta_r} = C e^{-\int_{t_0}^{t} \Sigma a_{rr} q_r^2 (1-(|q_r|/q_r)n_r)^2 d\tau}.$$

もちろん §2.4 より，正の初期値から出発した解は $t > 0$ でつねに正である．今，少なくとも 1 つ $q_r < 0$ とする．

$$1 - \frac{|q_r|}{q_r} n_r = 1 + n_r > 1.$$

よって，

$$a_{rr} q_r^2 \left(1 - \frac{|q_r|}{q_r} n_r\right)^2 > a_{rr} q_r^2.$$

(4.37) の右辺 $t \to +\infty$ のとき 0 に近づく．

一方，
$$\left(\frac{e}{n_r}\right)^{(|q_r|/q_r)n_r \beta_r q_r} \geqq e^{\beta_r q_r} \qquad (q_r>0 \text{ について}),$$

$$\prod_{q_r<0}\left(\frac{e^{-n_r}}{n_r}\right)^{\beta_r q_r} \to 0 \qquad (t\to+\infty).$$

よって，
$$\prod n_r^{\beta_r|q_r|} \to 0.$$
したがって次の結論を得る．

【ただ 1 つの $q_r<0$ である場合は，その r について $n_r(t)\to 0$ $(t\to+\infty)$ となり，k 個の q_r が負のときには少なくとも n_r のうちの 1 つは正規または不正規に $t\to+\infty$ のとき 0 に近づく．】

証明　$\varphi(t)=\prod_{q_r<0} n_r^{\beta_r|q_r|} \to 0 \qquad (t\to+\infty)$

から少なくとも 1 つの $n_r(t)<[\varphi(t)]^{1/k\beta q}$, $0<\beta<\beta_r$, $0<q<|q_r|$,
$$M=\inf_{x_r \text{ の少なくとも 1 つ} \geq 1} \sum a_{rr} q_r^2 x_r^2$$
とすると
$$\int_{t_0}^{t} \sum a_{rr} q_r^2 \left(1-\frac{|q_r|}{q_r}n_r\right)^2 d\tau > M(t-t_0),$$
$$\varphi(t) < Ce^{-M(t-t_0)} \to 0 \qquad (t\to+\infty). \qquad \text{(証明終)}$$

次に $a_{rr}>0$ $(r=1,2,\cdots,n)$ という仮定もゆるめてみる．

仮定　『$a_{rr}\geqq 0$ の場合，ただし少なくとも 1 つの k について $a_{kk}>0$．』

【この仮定のもとには $a_{rr}=0$ に対応する $N_r(t)$ が有界であれば，他のどれも一定の大きな数より，ある時刻以後，大きいままであることはない．】
この場合も $D \neq 0$ である．

【よって $\{q_i\}>0$ ならばすべての N_i は変化有界になる．】
という結論がでる．

例 3　前の節で述べた例 2 において，$\alpha_3\beta_3 a-\alpha_1\beta_1 b>0$ については $t\to+\infty$ のとき $N_3(t)\to+\infty$ となることによってたとえば，島の上では植物の群は無

限に多くなることになって現実的ではない．そこで N_3 についてのみ，この節で述べた効果を導入してみよう．方程式系は次のようになる．

$$(4.38) \begin{cases} \beta_1 \dfrac{dN_1}{dt} = (-\alpha_1\beta_1 + aN_2)N_1, \\ \beta_2 \dfrac{dN_2}{dt} = (-\alpha_2\beta_2 - aN_1 + bN_3)N_2, \\ \beta_3 \dfrac{dN_3}{dt} = (\alpha_3\beta_3 - \lambda N_3 - bN_2)N_3. \end{cases}$$

ここで，$a, b, \alpha_1, \alpha_2, \alpha_3, \lambda > 0$ である．前節の式 (4.29) と同じように第1式と第3式より，

$$(*) \qquad N_1^{\beta_1 b} N_3^{\beta_3 a} = C e^{(\alpha_3\beta_3 a - \alpha_1\beta_1 b)t - a\lambda \int_{t_0}^{t} N_3(\tau)d\tau}.$$

ただちに判明することは，N_2 は $\alpha_3\beta_3/b$ より大なる数より大にとどまることはできない（推論は前節とおなじ）．しかも

【$N_3(t)$ はある $t_0 > 0$ から先の時間ずっと，$\alpha_3\beta_3/\lambda$，$\alpha_2\beta_2/b$ より小な数 K より小にとどまることはあり得ない．したがって $t \to +\infty$ のとき $N_3(t) \to 0$ とはならない．】

証明 もしそうであれば，第2の式から
$$-\alpha_2\beta_2 - aN_1 + bN_3 < -\alpha_2\beta_2 + bK < 0$$
であるから，$t \to +\infty$ のとき $N_2(t) \to 0$，したがって第3式より
$$\frac{\beta_3}{N_3} \frac{dN_3}{dt} > K > 0$$
となり $N_3(t) \to +\infty (t \to +\infty)$ となり自己矛盾である．したがって，N_3 は $\alpha_2\beta_2/b$ より大な数より大きいままでありつづけられない． （証明終）

そこで次のように場合を2つに分ける．

i) $\boxed{\alpha_3\beta_3 a - \alpha_1\beta_1 b < 0}$ の場合．このとき (*) によって $N_1^{\beta_1 b} N_3^{\beta_3 a}$ は $t \to +\infty$ のとき 0 に近づく．よって上のことから $N_1(t)$ は正規または不正規に 0 に近づく ($t \to +\infty$ のとき)．

ii) $\boxed{\alpha_3\beta_3 a - \alpha_1\beta_1 b > 0}$ の場合．この場合には前節では $N_3(t) \to +\infty$ とな

って研究しなかった場合である．まず平衡点をだしておこう．連立方程式

$$\begin{cases} -\alpha_1\beta_1+aN_2=0, \\ -\alpha_2\beta_2-aN_1+bN_3=0, \\ \alpha_3\beta_3-\lambda N_3-bN_2=0 \end{cases}$$

の解 (q_1, q_2, q_3) として，次のものを得る．

$$q_1=\frac{1}{a^2\lambda}\{b(a\alpha_3\beta_3-b\alpha_1\beta_1)-a\lambda\alpha_2\beta_2\},$$

$$q_2=\frac{\alpha_1\beta_1}{a}>0,$$

$$q_3=\frac{a\alpha_3\beta_3-\alpha_1\beta_1 b}{a\lambda}>0.$$

そこで更に $q_1>0$ であるか <0 であるかで2つの場合に分かれる．

　α) $q_1>0$ の場合（つまり λ が十分小の場合である）．この例のすぐ前で述べたことによって

【すべての種について N_i $(i=1,2,3)$ は変化有界である．】

また前の証明とおなじようにやれば，

【$\lim_{t\to+\infty} N_3(t)=q_3$】

も出る．

　このような事実から $N_1(t), N_2(t)$ の $t\to+\infty$ での挙動はどのようになるか，次のように推論される．今，相続く等しい長さの時間区間の列のそれぞれの区間に平均値の定理を適用すると，まず N_3 についてそれを適用すれば，各区間の適当な時点のつくる列について，dN_3/dt は0に近づく．第3の式によってこのような時点列の上で $N_2(t)$ は q_2 に近づく（$N_3(t)\to q_3$ を用いる）．上の時点列の中で，相続く時点間隔が一定の正定数より大きいものだけを取出して，再びこの時間間隔の列について平均値の定理を用いると，$dN_2/dt\to 0$ が $+\infty$ に近づく新しい時点列について得られる．よって再び第2式を用いて $N_1(t)$ がその時点列について q_1 に近づくことが示される．最初にとった時間間隔の列については，等長であったがこれをいくらでも小さいものにしておくことは

可能であり，任意にあたえられた $\eta>0$ より小と仮定してよい．そこで，$\varepsilon>0$ を任意にあたえて，適当な $T>0$ をきめれば $t>T$ については，$N_1, N_2, dN_1/dt, dN_2/dt, dN_3/dt$ のそれぞれについて別々に，η より小な任意の区間で，少なくとも1点で，$q_1, q_2, 0, 0, 0$ のそれぞれとの差の絶対値が ε より小であるようにできる．したがってもし，$N_1, N_2, dN_1/dt, dN_2/dt, dN_3/dt$ のどれか1つが $t\to+\infty$ で極限をもてば，他のものも含めてすべては $q_1, q_2, 0, 0, 0$ に収束することがわかる．たとえば今，$\lim_{t\to+\infty} N_1(t)$ が存在したとすれば，明らかに $=q_1$，第2の式よりそのとき $\lim_{t\to+\infty}\dfrac{dN_2}{dt}=0$．したがって適当な時点列について $N_2(t)\to q_2$．$\left|\dfrac{dN_2}{dt}\right|$ は有界となり，$\lim_{t\to+\infty} N_2(t)=q_2$ がでる．そしてこうなれば明らかに $\lim_{t\to+\infty}\dfrac{dN_1}{dt}=\lim_{t\to+\infty}\dfrac{dN_3}{dt}=0$ でなければならない．結局

　　【もしも，$N_1(t), N_2(t)$ のどちらかが $t\to+\infty$ で極限をもてば，3種はそれぞれ (q_1, q_2, q_3) に $t\to+\infty$ のとき近づく．】

　β) $q_1<0$ の場合（つまり λ が十分大きいときである）．平衡点として $(q_1<0, q_2>0, q_3>0)$ がある．一般論から $N_1(t)\to 0 (t\to+\infty)$ は結論できない．しかし，$N_1(t)$ が任意にあたえられた正数より小の値を $t\to+\infty$ にしたがってとりうること【不正規には0に近づく】は簡単にわかる．

　まず $\lim_{t\to+\infty} N_3(t)=q_3$ とはならないことを示そう．もしそうとすれば，ある時点列について上でやった証明と同じように $dN_3/dt\to 0$ がいえる．ところで，それとまた別の時点列で時点間隔が一定の正数をつねにこえているものについて $N_2(t)\to q_2$ が証明できる．更にこれから再び新しい時点列について $dN_2/dt\to 0$ がいえる．そのことから $N_1(t)$ はその時点列について，q_1 に近づく．これは矛盾である．$N_1(t)\geq 0$，一方，$q_1<0$ であるから，次に記号を次のようにつくる．

$$n_1=\frac{N_1}{|q_1|}, \qquad n_2=\frac{N_2}{q_2}, \qquad n_3=\frac{N_3}{q_3}.$$

4.5 一般化と特別な3種の例

このようにすれば, (4.37) はこの場合

$$(n_1 e^{n_1})^{\beta_1|q_1|}\left(\frac{e^{n_2}}{n_2}\right)^{\beta_2 q_2}\left(\frac{e^{n_3}}{n_3}\right)^{\beta_3 q_3} = C e^{-\int_{t_0}^{t} \lambda \beta_3 q_3{}^2 (1-n_3)^2 d\tau}$$

となる.そこで今,正定数 ω を1つとって,ある t_1 より先の t についてつねに $n_1 > \omega$ であったとしてみよう.このことからは n_1, n_2, n_3 のすべては有界ということがでてくる.上の式を用いればよい.したがって微分方程式からその導函数も有界である.$\left|\dfrac{dN_3}{dt}\right|$ は有界であるし,また n_3 は1に近づかないことを示したので,前節で示したやり方で推論すれば

$$\int_{t_0}^{t}(1-n_3)^2 d\tau \to +\infty \qquad (t \to +\infty)$$

となる.となれば上の式の左辺 $\to 0$ となり,$n_1 > \omega \ (t > t_1)$ を用いるとそこでは左辺は次の量より大である.

$$(\omega e^{\omega})^{\beta_1|q_1|} e^{\beta_2 q_2 + \beta_3 q_3} > 0.$$

これは正に矛盾であるから $n_1 > \omega > 0 \ (t > t_1)$ であることはあり得ない.ω は任意の正数であった.よって

【この場合 $N_1(t)$ は正規または不正規に $t \to +\infty$ のとき 0 に近づく.】

ここで仮定をいれて,

『$N_1(t) \to 0 \ (t \to +\infty)$』

としよう.この場合に,他の種 N_2, N_3 が $t \to +\infty$ のときどうなるかを研究しよう.

$N_1(t)$ は十分大きな t について 0 とおいてしまった.これで近似的に N_2, N_3 をしらべようというのである.

$$(4.39) \quad \begin{cases} \beta_2 \dfrac{dN_2}{dt} = (-\alpha_2 \beta_2 + b N_3) N_2, \\ \beta_3 \dfrac{dN_3}{dt} = (\alpha_3 \beta_3 - \lambda N_3 - b N_2) N_3. \end{cases}$$

これについて,平衡値は

$$q_2' = \frac{b\alpha_3\beta_3 - \lambda\alpha_2\beta_2}{b^2}, \qquad q_3' = \frac{\alpha_2\beta_2}{b} > 0$$

である．そこでまた場合を分けて，

α) $b\alpha_3\beta_3 - \lambda\alpha_2\beta_2 > 0$. このとき $q_2' > 0, q_3' > 0$ であり，前とおなじように $N_3(t) \to q_3'$ ($t \to +\infty$) がでて，したがって，適当な時点列について $N_2(t) \to q_2'$ となる．よって，

【もし N_2, N_3 について $\lim_{t \to \infty}$ が存在すれば，それは (q_2', q_3') である．】

β) $b\alpha_3\beta_3 - \lambda\alpha_2\beta_2 < 0$. この場合は前にのべたと同じく

【$N_2(t)$ が正規または不正規に 0 に近づく．】

以上のすべての結果をまとめて，

『すべての種は 0 も含めて極限をもつ場合』

に限ってのべれば，

イ) $\lambda < \dfrac{b\alpha_3\beta_3}{\alpha_2\beta_2}$, ならば第 2 と第 3 がのこり，極限はともに正である．

またこの上に

$$\frac{b}{a} \cdot \frac{a\alpha_3\beta_3 - b\alpha_1\beta_1}{\alpha_2\beta_2} > \lambda$$

ならば第 1 種ものこる．

$$\frac{b}{a} \cdot \frac{a\alpha_3\beta_3 - b\alpha_1\beta_1}{\alpha_2\beta_2} < \lambda$$

ならば第 1 種は 0 に近づく．

ロ) $\lambda > \dfrac{b\alpha_3\beta_3}{\alpha_2\beta_2}$ ならば第 1，第 2 の種は 0 に近づく，第 3 のみのこる．

簡単にいえば

【λ の大きさにより，第 3 の種が第 2 種および，それを通じて第 1 種を養い得るか否かがきまってくる．】

ということである．

最後に上のような**極限**にどのように N_3, N_2, N_1 が近づくかをしらべよう（もちろん極限が存在する場合）．

4.5 一般化と特別な3種の例

簡単な場合からのべれば，第1と第2の種が0に近づくとき，第3種 $N_3(t)$ は q_3 の一方側から近づくことは第3式において $N_2(t)\to 0$ とすると，

$$\frac{dN_3}{dt}>0 \quad \left(N_3<\frac{\alpha_3\beta_3}{\lambda}\right), \qquad \frac{dN_3}{dt}<0 \quad \left(N_3>\frac{\alpha_3\beta_3}{\lambda}\right)$$

であり，いずれも一方から近づく．

次に第1種のみが0に近づくとき，第2，第3がどのように極限に近づくかをみよう．つまり λ が次の値のときである．

$$\frac{b}{a}\cdot\frac{a\alpha_3\beta_3-b\alpha_1\beta_1}{\alpha_2\beta_2}<\lambda<\frac{b\alpha_3\beta_3}{\alpha_2\beta_2}.$$

まず N_1 は無視しよう．そして N_2, N_3 についてのみみる．そして，力学で用いられる小振動の方法によって，平衡点のまわりでの N_2, N_3 の挙動をみよう．n_2, n_3 を用いて，方程式系：

$$\begin{cases}\beta_2\dfrac{dn_2}{dt}=-bq_3'(1-n_3)n_2,\\ \beta_3\dfrac{dn_3}{dt}=\{+bq_2'(1-n_2)+q_3'\lambda(1-n_3)\}n_3.\end{cases}$$

$n_2=1+\nu_2$, $n_3=1+\nu_3$ とおいて，ν_2, ν_3 の2次以上の項を無視すると，

(4.40) $$\begin{cases}\beta_2\dfrac{d\nu_2}{dt}=+bq_3'\nu_3,\\ \beta_3\dfrac{d\nu_3}{dt}=-bq_2'\nu_2-q_3'\lambda\nu_3.\end{cases}$$

これの特性方程式は，$\nu_2=A_2e^{xt}$, $\nu_3=A_3e^{xt}$ と代入して，

(4.41) $$\begin{vmatrix}-\beta_2 x & bq_3' \\ -bq_2' & -q_3'\lambda-\beta_3 x\end{vmatrix}=0,$$

または

$$\begin{vmatrix}\dfrac{\beta_2}{q_2'}x & -b \\ +b & \lambda+\dfrac{\beta_3}{q_3'}x\end{vmatrix}=0$$

つまり，

$$\frac{\beta_2\beta_3}{q_2'q_3'}x^2+\frac{\lambda\beta_2}{q_2'}x+b^2=0.$$

判別式は

$$\Delta=\left(\frac{\beta_2}{q_2'}\lambda\right)^2-4b^2\frac{\beta_2\beta_3}{q_2'q_3'}.$$

この符号は $q_3'\beta_2\lambda^2-4b^2\beta_3q_2'$ または $\dfrac{\alpha_2\beta_2^2}{b}\lambda^2-4\beta_3(b\beta_3\alpha_3-\lambda\alpha_2\beta_2)$ の符号と同じ．

そこで，

$$f(\lambda)=\frac{\alpha_2\beta_2^2}{b}\lambda^2+4\alpha_2\beta_2\beta_3\lambda-4\alpha_3\beta_3^2 b$$
$$=\frac{\alpha_2\beta_2^2}{b}\lambda^2+4\alpha_2\beta_2\beta_3\left(\lambda-\frac{b\alpha_3\beta_3}{\alpha_2\beta_2}\right)$$

とかき，λ', λ'' を $f(\lambda)=0$ の根とおくと，

$$\lambda'<0<\lambda''<\frac{b\alpha_3\beta_3}{\alpha_2\beta_2}.$$

$$f\left(\frac{b}{a}\cdot\frac{a\alpha_3\beta_3-b\alpha_1\beta_1}{\alpha_2\beta_2}\right)=\frac{b}{a^2\alpha_2}\{(a\alpha_3\beta_3-b\alpha_1\beta_1)^2-4ab\alpha_2\alpha_1\beta_1\beta_3\}$$

の正負は，

$$\frac{b}{a}\cdot\frac{a\alpha_3\beta_3-b\alpha_1\beta_1}{\alpha_2\beta_2}$$

が λ'' より小かまたは大によっている．

今，

$$\max\left\{\begin{array}{c}0\\ \dfrac{b}{a}\cdot\dfrac{a\alpha_3\beta_3-b\alpha_1\beta_1}{\alpha_2\beta_2}\end{array}\right\}<\lambda<\lambda''$$

の場合 (4.41) は判別式が負であって，複素根を有し，$t\to+\infty$ のとき，無限振動となる．

もし

4.5 一般化と特別な 3 種の例

$$\lambda'' < \lambda < b\frac{\alpha_3\beta_3}{\alpha_2\beta_2},$$

であるならば，実根で，ある時点からは，振動はない．更に

$$\lambda'' < \frac{b}{a} \cdot \frac{a\alpha_3\beta_3 - b\alpha_1\beta_1}{\alpha_2\beta_2} < \lambda < \frac{b\alpha_3\beta_3}{\alpha_2\beta_2}.$$

この場合は (4.41) は実根で振動はない．

上の場合は第 1 種はほろんでしまってからの話であるが 3 種とものこってしかも極限がそれぞれある場合は，同じように小振動の方法（線型化）によれば，

$$0 < \lambda < \frac{b}{a} \cdot \frac{a\alpha_3\beta_3 - b\alpha_1\beta_1}{\alpha_2\beta_2}.$$

特性方程式は

(4.42)
$$\begin{vmatrix} \dfrac{\beta_1}{q_1}x & -a & 0 \\ a & \dfrac{\beta_2}{q_2}x & -b \\ 0 & b & \lambda + \dfrac{\beta_3}{q_3}x \end{vmatrix} = 0$$

または，

$$\beta_1\beta_2 x^2(\lambda q_3 + \beta_3 x) + b^2\beta_1 q_2 q_3 x + a^2 q_1 q_2(\lambda q_3 + \beta_3 x) = 0.$$

この実根は 2 つの曲線

$$y = \beta_1\beta_2 x^2(\lambda q_3 + \beta_3 x) = \beta_1\beta_2 x^2\left(\frac{a\alpha_3\beta_3 - \alpha_1\beta_1 b}{a} + \beta_3 x\right).$$

これは λ に独立である，と

直線

$$\begin{aligned}
y &= -b^2\beta_1 q_2 q_3 x - a^2 q_1 q_2(\lambda q_3 + \beta_3 x) \\
&= \alpha_1\beta_1\left[\alpha_2\beta_2\beta_3 - b\frac{(a\alpha_3\beta_3 - b\alpha_1\beta_1)(b\beta_1 + a\beta_3)}{a^2\lambda}\right]x \\
&\quad - \frac{\alpha_1\beta_1}{a^2\lambda}(a\alpha_3\beta_3 - \alpha_1\beta_1 b)[b(a\alpha_3\beta_3 - b\alpha_1\beta_1) - a\lambda\alpha_2\beta_2]
\end{aligned}$$

の交点として求められる．

図 4.7

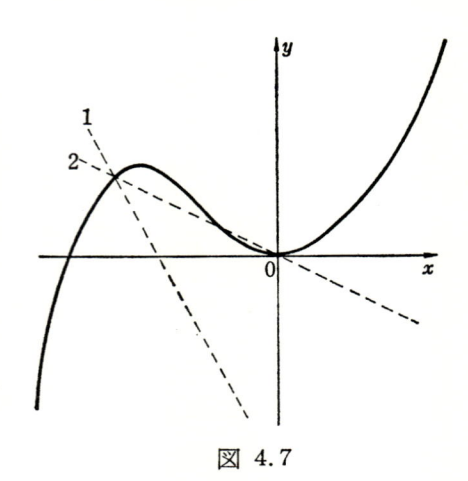

図 4.7 のような配置で, λ が 0 から $\dfrac{b}{a}\cdot\dfrac{a\alpha_3\beta_3-b\alpha_1\beta_1}{\alpha_2\beta_2}$ までうごくとき $0y$ との交点は $-\infty$ から 0 まで動く. またその傾きは $-\infty$ から $\dfrac{-b\alpha_1\beta_1{}^2\alpha_2\beta_2}{a}$ まで動く. したがって交点の数は, 最初ただ 1 つで, 次に $\dfrac{b}{a}\cdot\dfrac{a\alpha_3\beta_3-b\alpha_1\beta_1}{\alpha_2\beta_2}$ に近い λ_0 という値をこえると 3 つになる.

よって, $0<\lambda<\lambda_0$ であれば, N_1, N_2, N_3 について一種の振動が得られ, 周期運動に近い運動がだんだんと減衰して極限に近づく. もし,

$$\lambda_0<\lambda<\dfrac{b}{a}\cdot\dfrac{a\alpha_3\beta_3-b\alpha_1\beta_1}{\alpha_2\beta_2}$$

ならば振動はおこらない. λ によるこのような変化をまとめて,

【$\lambda=0$ では 3 種が全部生きている場合には, λ をだんだんにふやしてゆくと, まずすべての種は変化有界かつ極限をもちそのまわりの小さい振動をする. 更に λ をふやすとこの振動が消える. 次に更にふやしつづけると第 1 種がほろびてゆく, 他の 2 種は極限をもち (そのまわりの振動をしない), 更に λ をふやせば第 2 種もほろびて, ただ 1 つ第 3 種のみが生きのこり, 振動なしで 1 つの飽和の値に近づく.】

$\lambda=0$ のとき, 第 1 種が 0 に近づき, 第 2 種と第 3 種のみ生きているときは, ある時刻から後は $N_1=0$ と考えると, 他の 2 つは極限をもち, 最初は小振動

であるが，更に λ をふやすと，この振動が消える．更に λ をふやせば，第2種が消え，第3種が振動なしで飽和に近づく．

4.6 一般論，コンサーバティブな群集とディシパティブな群集

次に今までの当量仮説などはやめて，n 種の個体群からなる群集を考える．まず一般的に i 種の個体数 N_i について，

$$\frac{1}{N_i} \cdot \frac{dN_i}{dt}$$

がすべての N_r $(r=1, 2, \cdots, n)$ の1次結合である場合を考える．そして，dt 時間における n 種のうちのたとえば，第 r 種と第 s 種の出会いはただちに各種について，その出会いの数に比例した個体数の変化となって現われるとする．また，各種がこの地域に1種のみで生きている場合にも，その増殖率はその個体数の1次函数であるとする．その場合方程式としては，

$$(4.43) \quad \frac{dN_r}{dt} = \left(\varepsilon_r - \sum_{s=1}^{n} p_{rs} N_s\right) N_r \quad (\varepsilon_r, p_{rs} \text{ は定数})$$

となる．もちろん2種以上の出会いは考慮されていない．

コンサーバティブな群集 (conservative association)　各種の個体群に対応して正の数の列 $\alpha_r, r=1, 2, \cdots, n$ があり，

$$V(t) = \sum_{r=1}^{n} \alpha_r N_r(t)$$

をこの群集の値(value)とよぶ．(4.43) より

$$\frac{dV}{dt} = \sum_{r=1}^{n} \alpha_r \frac{dN_r}{dt} = \sum_{r=1}^{n} \alpha_r \varepsilon_r N_r - \sum_{r=1}^{n} \sum_{s=1}^{n} \alpha_r p_{rs} N_s N_r.$$

そこで

$$F(N_1, \cdots, N_n) = \sum_{r=1}^{n} \sum_{s=1}^{n} \alpha_r p_{rs} N_s N_r$$

とかけば

$$(4.44) \quad \frac{dV}{dt} = \sum_{r=1}^{n} \alpha_r \varepsilon_r N_r - F(N_1, \cdots, N_n).$$

そこで上のような $\alpha_r > 0$ $(r=1,2,\cdots,n)$ が存在して
$$F(N_1, N_2, \cdots, N_n) \equiv 0$$
とできるとき，これら個体群からなる群集(association)を**コンサーバティブ(conservative)**とよぶ．つまり群集の値 $V(t)$ が出会いに対しては保存されているからである．§4.2 において当量仮説からみちびいたものはこの1例である．そのとき α_i は平均体重(i 種の)という意味があった．逆に(4.45)をみたすためには

(4.45) $\qquad \alpha_r p_{rs} + \alpha_s p_{sr} = 0 \qquad (r,s=1,2,\cdots,n)$

であって，正に§4.2で述べた $\alpha_r = 1/\beta_r$ であった．そこでこの節では一般に $[p_{rs}]$ があたえられたとき上のようになる $\alpha_r(r=1,2,\cdots,n)$ をみつけられるかどうかをしらべたい．つまり方程式系(4.44)があたえられたときそれがコンサーバティブであるための必要十分条件をみつける．これは(4.45)から行列 $[p_{rs}]$ が反対称化可能であること(対角行列をかけて反対称にする)の必要十分条件を見出すことでもある．

$n=2$ のときを反省すれば，(4.45)の式は
$$\alpha_r p_{rs} + \alpha_s p_{sr} = 0, \qquad r=1,2, \quad s=1,2$$
であって，$p_{11}(\alpha_s + \alpha_r) = 0$ から $p_{11} = 0$, 同じく $p_{22} = 0$.
$$\alpha_1 p_{12} + \alpha_2 p_{21} = 0, \qquad \alpha_2 p_{21} + \alpha_1 p_{12} = 0$$
から，$\alpha_1 p_{12} = -\alpha_2 p_{21}$. よって，$p_{21} p_{12} < 0$, または $p_{12} = p_{21} = 0$ であれば必要十分である．よって α_1 は任意にえらべばよい．

$n \geq 3$ の場合は既に複雑となる．

まず，必要条件を出そう．
$$p_{rr} = 0, \qquad p_{rs} \cdot p_{sr} < 0.$$
これだけでは十分ではない．$r, s, t, \cdots, l$ を相異なる m 個の数字を $1, 2, \cdots, n$ からとってきたものとする．(4.45)をかきならべる．
$$\alpha_r p_{rs} = -\alpha_s p_{sr},$$
$$\alpha_s p_{st} = -\alpha_t p_{ts},$$

4.6 一般論，コンサーバティブな群集とディシパティブな群集

$$\vdots$$
$$\alpha_k p_{kl} = -\alpha_l p_{lk},$$
$$\alpha_l p_{lr} = -\alpha_r p_{rl}.$$

両辺をかけあわせると

(4.46) $\qquad p_{rs}p_{st}\cdots p_{kl}p_{lr} = (-1)^m p_{sr}p_{ts}\cdots p_{lk}p_{rl}.$

(4.46)において，添字の集合 $(rs)(st)\cdots(kl)(lr)$ をサイクルとよぶ．$r, s, \cdots, l$ が相異なっているときこれを **m サイクル** とよぶ．組合せ論的グラフ理論の言葉である．

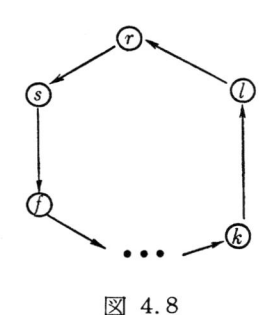

図 4.8

そこで $1, 2, \cdots, n$ からとってきたあらゆる m サイクルについて (4.46) が成り立つとき条件 (E) が成立するとよぶ．

定理 3.1 (4.44) がコンサーバティブであるための必要十分条件は $p_{rr}=0$ $(r=1, 2, \cdots, n)$, $p_{sr}\cdot p_{rs}<0$ $(r \neq s)$ と条件 (E) が成立することである．

証明 十分性を示せば十分である．いくつかの食関係でつながれない群集に分かれない，分解不能なグラフの場合について証明する．つまり任意の i 種は食関係の矢印の連鎖（食物連鎖）によって任意の j 種とつながれているとする．

$p_{hk} \neq 0$ とする．$\alpha_h > 0$ を任意にとり，$h, i_1, i_2, \cdots, i_\nu, l$ が $1, 2, \cdots, n$ からとってきた自然数列であるとして，上の仮定より

$$p_{hi_1} \neq 0, \quad p_{i_1 i_2} \neq 0, \quad \cdots, \quad p_{i_{\nu-1} i_\nu} \neq 0, \quad p_{i_\nu l} \neq 0$$

であるようにする．そして $\alpha_{i_1}, \alpha_{i_2}, \cdots, \alpha_{i_\nu}, \alpha_l$ を次のようにつくる．

$$\alpha_h p_{hi_1} + \alpha_{i_1} p_{i_1 h} = 0,$$

$$\alpha_{i_1}p_{i_1i_2}+\alpha_{i_2}p_{i_2i_1}=0,$$
$$\cdots\cdots\cdots\cdots\cdots,$$
$$\alpha_{i_{\nu-1}}p_{i_{\nu-1}i_\nu}+\alpha_{i_\nu}p_{i_\nu i_{\nu-1}}=0,$$
$$\alpha_{i_\nu}p_{i_\nu l}+\alpha_l p_{li_\nu}=0.$$

このようにすると α_h 任意から，$\alpha_{i_1}, \alpha_{i_2}, \cdots, \alpha_l$ が定まる．（ここではじめの $p_{rs}p_{sr}<0$ を用いている．）

しかし h 種から l 種までの食物連鎖はほかにもありうる．それを $(\alpha_h\alpha_{i_1}{}')$ $(\alpha_{i_1}{}',\alpha_{i_2}{}')\cdots(\alpha_{i_\mu}{}',\alpha_l{}')$ としよう．ただし，$p_{hi_1{}'}\neq 0$, $p_{i_1{}'i_2{}'}\neq 0, \cdots, p_{i_\mu{}'l}\neq 0$ である．このようになったとしても条件 (E) により $\alpha_l{}'=\alpha_l$ であることは，上の式から $\alpha_l, \alpha_l{}'$ を出してみれば

$$\alpha_l=\frac{(-1)^{\nu+1}p_{hi_1}\cdots p_{i_\nu l}}{p_{i_1h}\cdots p_{li_\nu}}\alpha_h.$$

一方，

$$\alpha_l{}'=\frac{(-1)^{\mu+1}p_{hi_1{}'}\cdots p_{i_\mu{}'l}}{p_{i_1{}'h}\cdots p_{li_\mu{}'}}\alpha_h.$$

この2つが等しいことを条件 (E) は意味している．したがって上の結論を得る． （証明終）

また次のものはもっと簡単な十分条件である．

系 $n\geq 3$ かつすべての i, j について $p_{ij}\neq 0$ のとき（組合せ論的グラフが強連結のとき），条件 (E) は任意3サイクルについてたしかめればよい．更に一般には，次のような i_0 があればよい，つまり，i_0 とすべての j はむすばれ，かつ i_0 を含む任意の3サイクルについて (E) がたしかめられれば十分である．

証明 r, s, t のうちどれかは i_0 とするとき

$$(E') \qquad p_{rs}p_{st}p_{tr}=-p_{sr}p_{ts}p_{rt}$$

があれば (E) が自動的にでてくる．(4.46) の両辺をみくらべるのだが，その両辺 p_{ij} ($i\neq i_0, j\neq j_0$) をすべて

$$\frac{[p_{ij}p_{ji_0}p_{i_0i}]}{p_{ji_0}p_{i_0i}}$$

でおきかえてみる．$p_{ij}p_{ji_0}p_{i_0i}=(-1)p_{ji}p_{i_0j}p_{ii_0}$ によって p_{ij} は (-1) がかかって p_{ji} にかわる．これをくりかえしてゆけばよい．その有様は図 4.9, 4.10 のようである．

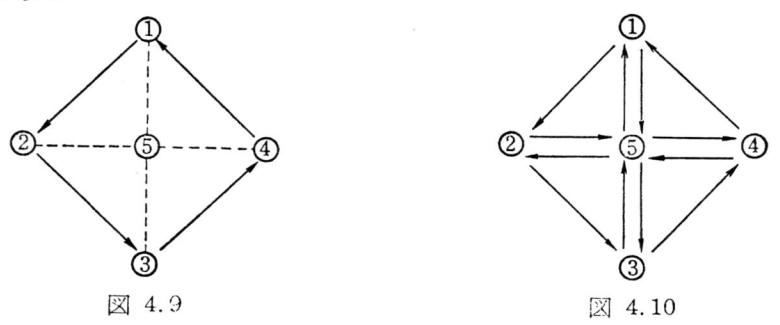

図 4.9　　　　　　図 4.10

つまり1つの4サイクルを，4つの3サイクルに分解するだけでよい．（証明終）

注 13　上の強連結の仮定すべての $p_{ij} \neq 0$ をはずすとこの系は成立しない．反例は次のものである．反対称化可能でない．

$$\begin{bmatrix} 0 & a_{12} & a_{13} & 0 \\ a_{21} & 0 & 0 & a_{24} \\ a_{31} & 0 & 0 & a_{34} \\ 0 & a_{42} & a_{43} & 0 \end{bmatrix}, \quad \begin{matrix} a_{12}>0,\ a_{13}>0,\ a_{24}>0, \\ a_{34}>0,\ a_{21}<0,\ a_{31}<0, \\ a_{42}<0,\ a_{43}<0. \end{matrix}$$

今，$\alpha_1, \alpha_2, \alpha_3, \alpha_4 > 0$ があって (4.45) をみたすとしてみよう．

$$\begin{aligned} \alpha_1 a_{12} + \alpha_2 a_{21} &= 0, \\ \alpha_2 a_{24} + \alpha_4 a_{42} &= 0, \\ \alpha_1 a_{13} + \alpha_3 a_{31} &= 0, \\ \alpha_3 a_{34} + \alpha_4 a_{43} &= 0. \end{aligned}$$

今，$a_{12}=1$, $\alpha_1=1$ とおくと，$\alpha_2 = -\dfrac{1}{a_{21}}$，更に $a_{13}=1$ としておけば $\alpha_3 = -\dfrac{1}{a_{31}}$, よって

第2式より　　$\alpha_4 = +\dfrac{a_{24}}{a_{42}} \cdot \dfrac{1}{a_{21}}$,

第4式より　　$\alpha_4 = \dfrac{a_{34}}{a_{43}} \cdot \dfrac{1}{a_{31}}$.

$a_{13}=1$, しかも $a_{43} \cdot a_{31} \cdot a_{24} \neq a_{42}a_{21}a_{34}$ であると仮定できる．よってそのような $\alpha_1, \alpha_2, \alpha_3, \alpha_4 > 0$ はない．

ディシパティブな群集 上に述べた (4.44) の式において，$\alpha_i > 0$, $i=1, 2, \cdots, n$ があって，$F(N_1, N_2, \cdots, N_n) = \sum_r \sum_s \alpha_r p_{rs} N_s N_r$ をつくったときこれが正値2次形式とできるならば (4.44) の表わす群集は**ディシパティブ** (dissipative) であるとよぶ．そのとき出会いによって群集の値 $V(t)$ は必ずへる．

(4.44) がディシパティブであるための必要条件を求めよう．

まず必要条件として

(4.47) $\qquad p_{rr} > 0 \qquad (r=1, 2, \cdots, n).$

更に必要条件として

(4.48) $\qquad \Delta = \begin{vmatrix} p_{11} & p_{12} & \cdots & p_{1n} \\ \cdots & \cdots & \cdots & \cdots \\ p_{n1} & \cdots & \cdots & p_{nn} \end{vmatrix} > 0.$

0 でないことは明らか．よって，正であることを示す．

$$F = \sum_r \sum_s \alpha_r p_{rs} N_s N_r.$$

かきかえて

$$= \sum_r \sum_s \left(\frac{\alpha_r p_{rs} + \alpha_s p_{sr}}{2} \right) N_r N_s.$$

この判別式は正であり，$m_{rs} = m_{sr} = \dfrac{\alpha_r p_{rs} + \alpha_s p_{sr}}{2}$ は対称であるから行列式 $|m_{rs}| > 0$ は明らか．今，$h_{rs} = -h_{sr}$ なるものをもってくれば

$$F = \sum_r \sum_s \alpha_r \frac{m_{rs} + h_{rs}}{\alpha_r} N_r N_s$$

ともかける．$\omega_{rs} \equiv \dfrac{m_{rs} + h_{rs}}{\alpha_r}$ としておいてこれを h_{rs} の函数と考える．今，$h^0{}_{rs}$ の値として

$$\begin{cases} h^0{}_{rs} = \alpha_r p_{rs} - m_{rs}, & r \geq s, \\ h^0{}_{sr} = -h_{rs} \end{cases}$$

4.6 一般論，コンサーバティブな群集とディシパティブな群集

とおくと
$$\omega_{rs}(h^0{}_{rs}) = p_{rs}$$
となっている．今, $\det[\omega_{rs}]$ を h_{rs} の函数と考えると, $h_{rs}=0\ (r \geqq s)$ とすれば, $\det(\alpha_i)\det[\omega_{rs}] = \det[m_{rs}] > 0$ また $\det[\omega_{rs}(h^0{}_{rs})] = \det[p_{rs}]$ であった．もしこれが <0 であったとすると, h_{rs} のどこかの値でもって $\det[\omega_{rs}] = 0$．このとき
$$\sum_{s=1}^{n}\sum_{r=1}^{n}\alpha_r\omega_{rs}N_rN_s = 0$$
となる．ところが,
$$\sum_{s=1}^{n}\sum_{r=1}^{n}\alpha_r\omega_{rs}N_rN_s = \sum_{s=1}^{n}\sum_{r=1}^{n}\alpha_r p_{rs}N_rN_s \neq 0.$$
これは矛盾である．よって $\det[p_{rs}] > 0$．

一般に必要条件として，

【すべての主値小行列式 >0】

がでる．しかし, $p_{rr} > 0\ (r = 1, 2, \cdots, n)$, $p_{rs} \cdot p_{sr} < 0$ は $n=2$ の場合をのぞいて十分ではない．

例 1
$$\begin{vmatrix} 1 & 4 & 1 \\ -1 & 1 & 1 \\ -4 & -2 & 1 \end{vmatrix} = -3.$$

前に §4.5 で述べた群集はディシパティブである．$\alpha_r = \beta_r$ ととればよい．しかし，これに近い場合もディシパティブであることをのべておこう．

F が $n-1$ 個以下の多項式の平方の和にかけるための必要十分条件は,

$$(4.49)\quad \begin{vmatrix} \alpha_1 p_{11} & \dfrac{\alpha_1 p_{12} + \alpha_2 p_{21}}{2} & \cdots\cdots & \dfrac{\alpha_1 p_{1n} + \alpha_n p_{n1}}{2} \\ \dfrac{\alpha_n p_{n1} + \alpha_1 p_{1n}}{2} & & & \alpha_n p_{nn} \end{vmatrix} = 0.$$

今, α_i は固定したとして, (p_{rs}) を座標とする n^2 次元のユークリッド空間の点が (4.49) の曲面にあれば，これは F が正値2次形式でないことを意味す

る．この曲面は R_{n^2} を有限個の領域に分割し，各領域内では F の平方の和に表わした同符号の項の数はかわらない（慣性律）．今，Δ_i はそのうち F が正値である領域とする．これが少なくとも1つあることは，α_r をきめておいて，

(4.50) $\qquad \alpha_r p_{rr} > 0, \qquad \alpha_r p_{rs} + \alpha_s p_{sr} = 0 \qquad (r \neq s)$

として $[p_{rs}]$ をきめればよい．そのとき Δ_i に入るすべての $[p_{rs}]$ はディシパティブである．実際的な操作としては，(4.50) のような $\{p_{rs}\}$ の集合は連結であるが，Δ_i がこれを含む領域とすれば，A, B, η を適当に定めれば

(4.50)′ $\qquad 0 < A \leqq p_{rr} \leqq B, \qquad |\alpha_r p_{rs} + \alpha_s p_{sr}| \leqq \eta$

も Δ_i に含まれる．これらの集合も連結であって，A, B が先にきまっているとき，η を十分小にとって Δ_i に入るようにできる．したがって，(4.50) をみたす $\{p_{rs}\}$ はディシパティブである．

以上のように拡張された群集の微分方程式系についても，§4.2 および §4.5 に示されたような理論を考えることができるが更に次のようにそれぞれコンサーバティブ，ディシパティブの定義を拡張することができる．それは次の形である．

(4.51) $\qquad \dfrac{dN_i}{dt} = f_i(N_1, \cdots, N_n) N_i \qquad (i = 1, 2, \cdots, n).$

${}^t[N_1, \cdots, N_n] = N$, $[f_i \delta_{ij}] = D(N)$ と行列の形でかくと

(4.51)′ $\qquad \dfrac{dN}{dt} = D(N) N$

である．ここで $f_i(N_1, \cdots, N_n)$ は必ずしも1次関数ではない（今までは1次関数のみを扱った）．

一般的には f_i は $N_1, \cdots, N_n$ の多項式としておこう．この形の微分方程式系について，次の仮定がみたされるとき，**コンサーバティブ**という．

(4.52) $\qquad \displaystyle\sum_{r=1}^{n} \varphi_r(N_r) f_r(N_1, \cdots, N_n) = 0$

となるような，連続関数 $\varphi_r(N_r)$ $(r = 1, 2, \cdots, n)$ が存在する．

更にこの φ_r について次の仮定があれば (4.51) の正の初期値からでた解は，

変化有界である．

(4.53)
$$\begin{cases} \psi_r(N_r) = \int_{N_r{}^0}^{N_r} \dfrac{\varphi_r(\xi)}{\xi} d\xi, \\ \lim_{N_r \to 0} \psi_r(N_r) = +\infty, \quad \lim_{N_r \to +\infty} \psi_r(N_r) = +\infty. \end{cases}$$

それをみるためには，(4.51) の方程式に $\varphi_r(N_r)$ をかけて和をつくり，

$$\sum_{r=1}^{n} \frac{\varphi_r(N_r)}{N_r} \frac{dN_r}{dt} = \sum_{r=1}^{n} \varphi_r(N_r) f_r(N_1, \cdots, N_n) = 0.$$

これより $\sum_{r=1}^{n} \psi_r(N_r) =$ 定数 という第 1 積分がでるからである．

(4.52) のような $\varphi_r(N_r)$ があるためには，

(4.54)
$$f_r = \sum_{s=1}^{n} F_{rs}(N_1, N_2, \cdots, N_n) \theta_s(N_s),$$

かつ $F_{rs} = -F_{sr}$, $F_{rr} = 0$ で恒等的には 0 でない．θ_s, F_{rs} は連続である．$\varphi_r = \theta_r$ ととればよいことは明らか．また (4.52) が成り立てば必ず f_r は (4.54) の形にできる．$\varphi_1 \not= 0$ とすると，

$$f_1 = -\frac{1}{\varphi_1}[f_2 \varphi_2 + \cdots + f_n \varphi_n],$$
$$f_2 = f_2,$$
$$\cdots\cdots,$$
$$f_n = f_n,$$
$$\theta_1 = \varphi_1, \ \theta_2 = \varphi_2, \ \cdots, \ \theta_n = \varphi_n,$$
$$F_{12} = -\frac{f_2}{\varphi_1}, \ \cdots, \ F_{1n} = -\frac{f_n}{\varphi_1},$$
$$F_{23} = F_{24} = \cdots = 0,$$
$$F_{ij} = -F_{ji}$$

ととればよい．

ディシパティブの一般化 次に，恒等的に 0 でないような $\varphi_r(N_r)$ という連続函数 ($r=1, 2, \cdots, n$) が存在して，次のことが成立するとき (4.51) はディシパティブであるとよぶ．

(4.55) $$\sum_{r=1}^n f_r(N_1,\cdots,N_n)\varphi_r(N_r) = -\varPhi(N_1,\cdots,N_n) \leqq 0.$$

$\varPhi(N_1, N_2, \cdots, N_n) = 0$ となるのは，$N_i = q_i > 0$ $(i=1,2,\cdots,n)$ に対してのみである．

【更に (4.53) が $\psi_r(N_r)$ について成立すれば，(4.51) の解は正の初期値に対して常に正で，連続な解があり，$t \to +\infty$ のとき上の q_i に近づく．】

(4.55) のような，φ_r が存在するためには，

(4.56) $$f_r = \sum_{s=1}^n F_{rs}(N_1,\cdots,N_n)\theta_s(N_s).$$

$\theta_s(N_s)$ は恒等的には 0 でなく，

$$F_{rs} = -F_{sr} \qquad (r \neq s),$$
$$F_{rr} \leqq 0 \qquad (r=1,2,\cdots,n).$$

$\sum_{r=1}^n F_{rr}|\theta_r| = 0$ は $N_i = q_i > 0$ $(i=1,2,\cdots,n)$ についてのみ成り立つ．$\theta_r = \varphi_r$ ととればよい．

例 2 $n=1$ のとき，

$$\frac{dN}{dt} = (1-N^2)N,$$
$$f_1(N) = 1 - N^2,$$
$$\varphi_1(N) = 1$$

でよい．

注 14 部分群集についての注意 ここでは一般的な方程式系 (4.43) のコンサーバティブまたはディシパティブについて述べる．

n 種が 2 つのグループに分かれ，$(m+1), \cdots, n$ 種は平衡点の近傍のみを動くものと仮定する．つまり上の方程式について，初期値 $N_1^0, \cdots, N_n^0$ は後の $(n-m)$ 個が $q_{m+1},\cdots,q_n$ の近傍をある助変数 α にしたがって解析的にうごき，最初の m 個は正の 0 の近傍を同じ助変数 α にしたがってうごくとする．ただし $q_{m+1},\cdots,q_n$ は下の連立方程式の解である．

4.6 一般論，コンサーバティブな群集とディシパティブな群集

$$\varepsilon_r - \sum_{m+1}^{n} p_{rs} N_s = 0 \qquad (r = m+1, \cdots, n).$$

$q_r > 0$ $(r = m+1, \cdots, n)$ と仮定する．今，δ を α についての差として，δN_r の方程式をかけば（4.43）より

$$(*) \qquad \frac{d \delta N_r}{dt} = \left(\varepsilon_r - \sum_{s=1}^{n} p_{rs} N_s \right) \delta N_r - \sum_{s=1}^{n} p_{rs} \delta N_s N_r$$

ができる．δN_r は $N_1^0, \cdots, N_m^0$ の $\alpha=0$ における値からの変化であるとすると $\alpha=0$ では $N_1^0 = \cdots = N_m^0 = 0$，よって $N_1 = \cdots = N_m = 0$ といえる．このことから（*）は

$$(**) \quad \begin{cases} \dfrac{d \delta N_r}{dt} = \left(\varepsilon_r - \sum\limits_{m+1}^{n} p_{rs} N_s \right) \delta N_r & (r=1,2,\cdots,m), \\ \dfrac{d \delta N_i}{dt} = \left(\varepsilon_i - \sum\limits_{m+1}^{n} p_{is} N_s \right) \delta N_i - N_i \sum\limits_{m+1}^{n} p_{is} \delta N_s - N_i \sum\limits_{1}^{m} p_{is} \delta N_s \\ \hfill (i=m+1,\cdots,n) \end{cases}$$

とかけて，第1種から第 m 種までと，それ以下のグループとは，いささか異なった行動をする．ここで第1式の

$$\left(\varepsilon_r - \sum_{m+1}^{n} p_{rs} N_s \right) \qquad (r=1, \cdots, m)$$

は，$\delta N_r (r=1, \cdots, m)$ が小のときのみ意味のある，みかけの増殖率であり，それ以外のグループの個体数に依存している．今ここで

$$\left\lceil \gamma_r = \varepsilon_r - \sum_{s=m+1}^{n} p_{rs} q_s < 0 \quad (r=1,2,\cdots,m) \right\rfloor$$

を仮定してみよう．つまり，後の方の $(n-m)$ 種の個体群の平衡点の近くで，最初の m 種のみかけの増殖係数がすべて負であることを仮定したわけである．よって，

$$\varepsilon_r - \sum_{s=m+1}^{n} p_{rs} N_s < -\rho < 0 \qquad (\rho > 0)$$

が $(q_{m+1}, \cdots, q_n)$ の近傍の $(N_{m+1}, \cdots, N_n)$ に対して成立する．よって（**）の第1式より

$$\delta N_r = \delta N_r^0 e^{\int_0^t (\varepsilon_r - \sum p_{rs} N_s) d\tau} < \delta N_r^0 e^{-\rho t}.$$

一方，(**) の第2の式から

$$\frac{d}{dt}\delta N_i + q_i \sum_{s=m+1}^{n} p_{is}\delta N_s = -q_i \sum_{1}^{m} p_{ig}\delta N_g^0 e^{r_g t} \quad (i=m+1,\cdots,n).$$

$\delta N_i = q_i \nu_i$ とおくと

$$(\text{***}) \quad \frac{d\nu_i}{dt} + \sum_{s=m+1}^{n} p_{is}q_s \nu_s = -\sum_{g=1}^{m} p_{ig}\delta N_g^0 e^{r_g t} \quad (i=m+1,\cdots,n).$$

今，下に述べる意味で，平衡点 $(q_{m+1},\cdots,q_n)$ は安定であるという．つまり下の方程式

$$\begin{vmatrix} p_{m+1\,m+1}q_{m+1}+x & p_{m+1\,m+2}q_{m+2} & p_{m+1\,n}q_n \\ p_{n\,m+1}q_{m+1} & \cdots & p_{nn}q_n+x \end{vmatrix} = 0$$

の根の実部が0または負であるとする．更に根は相異なるとすれば，(***) の特解は右辺をそれぞれ

$$-p_{ig}\delta N_g^0 e^{\left(\varepsilon_q - \sum_{m+1}^{n} p_{gs}q_s\right)t} \quad (g=1,\cdots,m)$$

でおきかえたものの線型結合でよい．これは δN_i の初期値が0のとき，$t \to +\infty$ で0に近づくものしか現われない．結局

【平衡点 $(q_{m+1},\cdots,q_n)$ が上の意味で安定であり，かつ最初の m 種のみかけの増殖係数がすべて負の場合 δN_g, $g=1,2,\cdots,m$ は $t \to +\infty$ のとき0に近づく．】

このことは次のようないろいろの解釈をもっている．

【今 $n-m$ 個の種からなる1つの生物群集 S があり，これが平衡点の近くにあり上の意味で安定とする．新しい m 個の種からなる生物群集 S' が，それぞれ非常に小数の個体数で加わったとしても S' は遂にはほろび，S はそのまま維持される．】

更に

【n 種全体がディシパティブであるか，コンサーバティブであったとす

4.6 一般論，コンサーバティブな群集とディシパテイブな群集

る．今もし正の平衡点 $(q_1, \cdots, q_n)$ があって，しかも部分群集 $(m+1), \cdots, n$ は個体数が，$(q_{m+1}, \cdots, q_m)$ の近くであったとする．そのとき最初の m 種の他の種 $(m+1), \cdots, n$ に関するみかけの増殖率が全部負になることは不可能である．】

更に

【1つのディシパティブな群集を考える．それの平衡点はすべては正でなかったとしよう．今，$q_1<0$ とするとき第1種をのぞけば $q_2'>0$, $q_3'>0$, $\cdots$, $q_n'>0$ であるとしよう．すると第1種だけをのぞいた部分群集は，ディシパティブで，この平衡点は解の $t\to+\infty$ で極限で安定となる．第1種についてのみかけの増殖率

$$\varepsilon_1 - \sum_{s=2}^{n} p_{1s} q_s' < 0$$

でなければならない．】

証明

$$\varepsilon_i - \sum_{s=1}^{n} p_{is} q_s = 0 \qquad (i=1, 2, \cdots, n, \quad q_1 < 0).$$

一方，

$$\varepsilon_j - \sum_{s=2}^{n} p_{js} q_s' = 0 \qquad (j=2, 3, \cdots, n, \quad q_s' > 0).$$

ディシパティブであるから，

$$F(N_1, N_2, \cdots, N_n) = \sum_{s=1}^{n} \sum_{r=1}^{n} \alpha_r p_{rs} N_r N_s$$

は正値である．このことから，

$$0 < F(q_1, q_2-q_2', \cdots, q_n-q_n') = \alpha_1 q_1 \left(\varepsilon_1 - \sum_{2}^{n} p_{1s} q_s' \right).$$

よって

$$\varepsilon_1 - \sum_{2}^{n} p_{1s} q_s' < 0$$

でなくてはならない．

(証明終)

4.7 化学反応系の微分方程式

生物個体群の場合は，微分方程式系の形はベクトル形でかいて，

(4.51)′ $$\frac{dN}{dt} = D(N)N$$

であった．ただし $N = {}^t(N_1, N_2, \cdots, N_n)$, $D(N)$ は対角行列である．

化学反応の場合にはこれと少し異なって次のようになる．この場合反応を次のように分類する (Gavalos [7] による)．

(A) 孤立系 (isolated system)：与えられた物質の系とそのまわりの環境に質量とエネルギーの交換がないもの．

(B) 閉じた系 (closed system)：質量は交換しないがエネルギーは交換するもの．

(C) 開いた系 (open system)：質量もエネルギーも交換する系．

このうち，ここでは空間的には一様な孤立系について述べよう．

$$U(t) = {}^t[u_1(t), u_2(t), \cdots, u_n(t)].$$

ここで $u_i(t)$ は i 番目の物質の時刻 t における濃度．

$T(t)$：時刻 t でのこの物質系の絶対温度，

$F(U, T) = {}^t[f_1(U, T), f_2(U, T), \cdots, f_r(U, T)]$,

C：定数 $n \times r$ 行列

として，濃度変化を表わす法則は一般的に，

(1) $\quad \dfrac{dU}{dt} = C \cdot F(U, T)$,

(2) $\quad S(U, T) = S(U_0, T_0) \equiv S_0 \quad$ (内部エネルギー保存),

(3) $\quad U(0) = U_0, \ T(0) = T_0 \quad$ (初期値)

で表わされる．ただし，ここで次のような5つの仮定がある．

(H.1) すべての i について，$u_j \geq 0 \ (j = 1, \cdots, i-1, i+1, \cdots, n)$, $c_{ij} f_j(u_1, \cdots, u_{i-1}, 0, u_{i+1}, \cdots, u_n, T) \geq 0$ が成立する．

(H.2) $T = 0$ では $f_j(u_1, \cdots, u_n, 0,) = 0 \ (j = 1, 2, \cdots, r)$.

4.7 化学反応系の微分方程式

(H.3) 行列 C の階数は $n-1$ 以下であって，それ以上に少なくとも1つの，成分が全部非負の横ベクトル L があって
$$L \cdot C = 0$$
とできる．

(H.4) $\lim_{T \to +\infty} S(U, T) = +\infty$ が $\sum_j u_j > 0$, $u_i \geqq 0$ ($i=1, 2, \cdots, n$) に対して成立する．

(H.5) $S(U, T)$ は T に関して狭義に単調である．

上の条件を1つの反応例によって説明しよう．

例 化学式でかくと
$$2\,NO_2 \longrightarrow N_2O_4,$$
$$O_2 + 2\,NO \longrightarrow 2\,NO_2.$$

これを反応に参加したすべての物質 O_2, NO, NO_2, N_2O_4 についてかくと

$$(O_2, NO, NO_2, N_2O_4) \begin{bmatrix} 0 & 1 \\ 0 & 2 \\ -2 & -2 \\ 1 & 0 \end{bmatrix} = [\,0 \quad 0\,]$$

とかき表わしてもよい．このとき現われる4行2列の行列を化学行列(stoichiometric matrix)とよぶこれが C である．

$$C = \begin{bmatrix} 0 & 1 \\ 0 & 2 \\ -2 & -2 \\ 1 & 0 \end{bmatrix} \quad \text{(階数は 2)}.$$

よって反応の数 $r=2$ であり，物質の数 $n=4$ である．一定体積あたりの O_2, NO, NO_2, N_2O_4 の濃度が u_1, u_2, u_3, u_4 である．

この場合内部エネルギー S は
$$S = S(U, T) = \sum_{i=1}^{4} u_{v_i} u_i T.$$

u_{v_i} は一定体積当り i 番目の物質の熱容量である．ここでは式

$$F(U, T) = {}^t[k_1(T)u_3{}^2, k_2(T)u_1u_2{}^2].$$

(H.3) の性質は原子の保存性からくる．これらの分子はすべてOとNの2つの原子からできているので，各物質に含まれるOの数とNの数を表にすると，

	O_2	NO	NO_2	N_2O_4
O	2	1	2	4
N	0	1	1	2

である．

$$B = \begin{bmatrix} 2 & 0 \\ 1 & 1 \\ 2 & 1 \\ 4 & 2 \end{bmatrix}, \quad B' = \begin{bmatrix} 2 & 1 & 2 & 4 \\ 0 & 1 & 1 & 2 \end{bmatrix}.$$

原子の保存性：化学反応において原子の数は不変から次のことがいえる．
$$B' \cdot C = 0$$
である．ここで B' の第1行を L_1 とすれば
$$L_1 \cdot C = 0$$
であって，これで (H.3) がみたされる．

注 15 一般にどんな化学反応でもこの保存性はある．B を上のような行列 $[\beta_{ij}]$ つまり β_{ij} は j 番目の原子が i 番目の分子（物質）にある数とする．このとき行の数は物質の数，列は原子の種類．この B の階数を r_β とすると，
$$B' \cdot C = 0$$
はいつも成り立つ．$r_\beta \geq 1$ であることはうたがいなし．C の階数を r とすると，上のことから C の列については $n - r_\beta$ 個の独立な関係がある．よって
$$r_\beta \leq n - r$$
である．
$$r \leq n - r_\beta \leq n - 1$$
であるから (H.3) は必ずみたされる．B' の行ベクトルの成分が非負であることはその意味から明らか．

4.7 化学反応系の微分方程式

　以上によって，5つの仮定がそう無理でないことがわかった．これらの仮定のもとに次の結論がでる．

　【上の方程式の初期値問題 1), 2), 3) において初期値が非負であれば解も非負，また解が存在すれば $0<t<+\infty$ で有界である．】

　証明　はじめの方は (H.1) より，§2.4 から明らか．第2の方は (H.3) より L があって $L \cdot C = 0$．そこで (1) の両辺にこの L をかける．

$$L \cdot \frac{dU}{dt} = L \cdot CF = 0,$$

$$L \cdot U(t) = \text{定数} = L \cdot U_0$$

である．ところで L の成分は非負であるから，$u_i(t)$ の有界性がでる．

（証明終）

5. 非線型で拡散をともなう現象の微分方程式系

5.1 弱い非線型と拡散の例

次のような連立偏微分方程式を考えよう.

(5.1) $$\frac{\partial U}{\partial t} = \Lambda \Delta U + F(U).$$

$U = {}^t[u_1, u_2 \cdots, u_n]$, $u_i = u_i(t, x)$, $i = 1, 2, \cdots, n$. x は一般には s 次元の空間, t は $0 < t < +\infty$ をうごく,

$$F(U) = {}^t[f_1(u_1, \cdots, u_n), \cdots, f_n(u_1, \cdots, u_n)].$$

また Λ は n 次元の定数対角行列である. 今まで第4章までに取扱ったものは空間 x には無関係な場合で

$$\frac{\partial U}{\partial t} = F(U)$$

であった. (5.1) の初期値問題 (Cauchy problem) とは, $t = 0$ で

(5.2) $$U(0, x) = U_0(x)$$

をあたえて, (5.1), (5.2) をみたすような解 $U(t, x)$ をもとめることであり, 更に x 空間での適当な境界において, U の値または U の適当な偏導函数をあたえてそれをもみたすように (5.1) の解をもとめることを初期値境界値混合問題とよぶ. このような問題の例は, 生態学, 化学反応論, 物性論などに最近すこぶる多く現われている. たとえば第4章までにのべた生態学においても, 個体群が地域的に移動することまで考えに入れると次のような形の方程式系が考えられる.

(5.3) $$\frac{\partial U}{\partial t} = \Lambda \Delta U + DU.$$

この場合の D は U の函数としての対角行列で §4.6 でのべたものである.

更にその §4.7 で述べた化学反応系についても, 物質のうちに拡散するものがあれば,

$$(5.4) \qquad \frac{\partial U}{\partial t} = \Lambda \Delta U + C \cdot F(U).$$

ここで，Cは定数の化学行列である（§4.7 のものである）．

具体的に (5.3) にあたる方程式をみちびいてみよう [8]．たとえば，2種からなる生物群集がある地域に生存し，その関係はえじきと捕食者の関係であるとする．$\rho_i(t,x)$ は時刻 t における，第 i 種の個体群密度であるとする．ベクトル $\boldsymbol{j}_i(t,x)i$ は時刻 t で第 i 種が単位時間に ΔS という面積を通過する個体数であると ΔS に対する法線を $\boldsymbol{h}$ とし，R_i を第3章で述べたボルテラの機構(mechanism)とし，コンサーバティブな群集とする．

$$R_i = \varepsilon_i \rho_i + \frac{1}{\beta_i} \sum_{j=1}^{2} \alpha_{ji} \rho_j \rho_i.$$

ここで，ε_i は上の部分 V における自然の第 i 種の増殖率とする．時間的な変化と等置して，

$$\frac{\partial}{\partial t} \int_V \rho_i dx = \int_S \boldsymbol{j}_i \cdot (-\boldsymbol{h}) dS + \int_V R_i dx$$

となる．左辺は V における人口の単位時間での増加，右辺第1項は面 S' を通じての人口の移動，第2項は移出入を考えない V における人口の増加または減少である．ここで，移出入は，各個体のランダムな運動によるとすると，

$$\boldsymbol{j}_i = -\lambda_i \nabla \rho_i \qquad (\lambda_i \text{ は定数}),$$
$$\boldsymbol{j}_1 = -D_1 \nabla \rho_1,$$
$$\boldsymbol{j}_2 = -D_2 \nabla \rho_2, \qquad (D_1, D_2 \text{ は拡散の定数}).$$

これから次のような (5.3) の型の方程式系がでる．

$$\begin{cases} \dfrac{d\rho_1}{dt} = \lambda_1 \Delta \rho_1 + \varepsilon_1 \rho_1 - \alpha_1 \rho_1 \rho_2, \\ \dfrac{d\rho_2}{dt} = \lambda_2 \Delta \rho_2 - \varepsilon_2 \rho_2 + \alpha_2 \rho_1 \rho_2. \end{cases}$$

これはカーナー(Kerner)のみちびいた方程式である．以下では $s=1$ の場合のみ扱う．ただしこの方程式は解かれていない．

5.2　拡散方程式の基礎

スカラーの線型方程式:

(5.5) $$\frac{\partial u}{\partial t}=\frac{\partial^2 u}{\partial x^2}+g(t,x)$$

について，$g(t,x)$ が連続有界函数のとき，初期条件

(5.6) $$u(0,x)=u_0(x), \quad u_0(x):\text{有界連続}$$

の下での解は，$v_0(t,x)$ を (5.6) の初期値をとる

(5.7) $$\frac{\partial v}{\partial t}=\frac{\partial^2 v}{\partial x^2}$$

の解とすれば，次の (5.8) であたえられる:

(5.8) $$u(t,x)=v_0(t,x)+\frac{1}{2\sqrt{\pi}}\int_0^t d\eta\int_{-\infty}^{+\infty}\frac{e^{-(x-\xi)^2/4(t-\eta)}}{\sqrt{t-\eta}}g(\eta,\xi)d\xi.$$

ここで，

(5.9) $$E(t,x)=\frac{1}{2\sqrt{\pi t}}e^{-(x^2/4t)}$$

とかくことにすると，

(5.10) $$v_0(t,x)=\int_{-\infty}^{+\infty}E(t,x-\xi)u_0(\xi)d\xi$$

であたえられ，明らかに $E(t,x)>0$ $(t>0, -\infty<x<+\infty)$ であり，

(5.11) $$\int_{-\infty}^{+\infty}E(t,\xi)d\xi=1$$

であることを思い出しておこう（たとえば [9] をみよ）．この性質からたとえば $u_0(x)\geqq 0$ であれば $v_0(t,x)\geqq 0$ であり，また $u_0(x)>0$ である点が少しでもあれば，$v_0(t,x)>0 (t>0)$ であることも (5.10) の式から明らかである．また (5.11) の性質により

(5.12) $$|v_0(t,x)|\leqq \sup_{-\infty<x<+\infty}|u_0(x)|$$

がつねに成立する．

更に，差分による (5.7), (5.6) の解を示しておこう．今，時間軸を k の間隔で，空間 x 軸を h の間隔で分けたとする．そのとき (5.7) における微分を差分で次のようにおきかえる．

$$\frac{\partial u}{\partial t} \to \frac{v_h(t+k, x) - v_h(t, x)}{k},$$

$$\frac{\partial^2 u}{\partial x^2} \to \frac{v_h(t, x+h) + v_h(t, x-h) - 2v_h(t, x)}{h^2}$$

とすると (5.7) の近似として

$$v_h(t+k, x) - v_h(t, x) = \frac{k}{h^2}[v_h(t, x+h) + v_h(t, x-h) - 2v_h(t, x)]$$

を得る．これを $v_h(t+k, x)$ をきめる式として，$\frac{k}{h^2} = \lambda$ とおいて

(5.13) $\quad v_h(t+k, x) = \lambda v_h(t, x+h) + (1-2\lambda)v_h(t, x) + \lambda v_h(t, x-h)$
$\quad\quad\quad\quad\quad = P_h v(t, x)$

とかく．

これはまた，$v_h^{i,j} = v_h(ik, jh)$ として

(5.13)' $\quad v_h^{i+1,j} = P_h v_h^{i,j} = \lambda v_h^{i,j+1} + (1-2\lambda)v_h^{i,j} + \lambda v_h^{i,j-1}$

ともかける．今

(5.14) $\quad\quad\quad\quad 0 < \frac{k}{h^2} = \lambda \leq \frac{1}{2}$

とすると，

$$|v_h(t+k, x)| \leq \sup_{-\infty < x < +\infty} |v_h(t, x)|$$

がでる．今，$v_h(0, x) = u_0(x)$ とかけば，

(5.15) $\quad\quad\quad |v_h(nk, x)| \leq \sup_{-\infty < x < +\infty} |u_0(x)|$

が成立する．$nk \leq t$ としておくとこれは正に差分としての (5.12) のアナロジーであり，この差分解は $nk \leq t$ として，$k \to 0, n \to +\infty$ ((5.14) を保ちながら) とすれば上にのべた $v_0(t, x)$ に収束することが示される（くわしいことについ

ては [11] をみよ).

5.3 スカラーの非線型拡散方程式の局所解と比較定理

次のような非線型方程式（スカラー）を考えよう [12].

(5.16) $$\frac{\partial u}{\partial t} - \frac{\partial^2 u}{\partial x^2} = F(t, x, u).$$

定理 5.1 方程式 (5.16) において $F(t, x, u)$ はすべての変数 t, x, u について連続で有界とする．その上，次のような正の定数 k が存在したとする．

(5.17) $$|F(t, x_2, u_2) - F(t, x_1, u_1)|$$
$$\leqq k|x_2 - x_1| + k|u_2 - u_1|$$

がすべての x_1, x_2, u_1, u_2 について成り立つ．そのとき (5.16) と (5.6) をみたす解がただ1つ $t > 0$ で存在する.

証明 §5.2 でつくった $v_0(t, x)$ からはじめて，次のような逐次列 $v_i(t, x)$, $i = 0, 1, 2, \cdots$ をつくる．

(5.18) $$\frac{\partial v_{i+1}}{\partial t} - \frac{\partial^2 v_{i+1}}{\partial x^2} = F(t, x, v_i), \qquad v_i(0, x) = u_0(x)$$

である．これは，(5.8) と (5.9) を用いて次のようにかける．

$$v_{i+1}(t, x) = v_0(t, x) + \int_0^t \int_{-\infty}^{+\infty} E(t-\eta, x-\xi) F(\eta, \xi, v_i(\eta, \xi)) d\eta d\xi,$$

$$M_{i+1}(t) = \sup_{\substack{\eta \leq t \\ -\infty < x < +\infty}} |v_{i+1}(\eta, x) - v_i(\eta, x)|.$$

(5.11), (5.17) より

$$|v_{i+1} - v_i| \leqq \int_0^t \int_{-\infty}^{+\infty} E(t-\eta, x-\xi)|F(\eta, \xi, v_i) - F(\eta, \xi, v_{i-1})| d\xi d\eta$$

$$\leqq k \int_0^t M_i(\eta) d\eta,$$

$$M_i \leqq M \frac{k^{i-1} t^i}{i!}, \qquad M = \sup |v_0(t, x)|.$$

よって，上の $v_i(t, x)$ は一様収束して

5.3 スカラーの非線型拡散方程式の局所解と比較定理

$$v(t,x) = \lim_{i \to \infty} v_i(t,x),$$

$$v(t,x) - v_0(t,x) = \int_0^t \int_{-\infty}^{+\infty} E(t-\eta, x-\xi) F(\eta, \xi, v(\eta, \xi)) d\eta d\xi.$$

これは，(5.16) をみたし，$v(0,x) = u_0(x)$ となる．　　　　　　　　（証明終）

系 上の定理において，$F(t,x,u) \equiv F(t,u)$ であって，t, u に対して偏導函数連続と仮定すると，T を十分小ととれば (5.16), (5.6) の解はただ 1 つ $0 < t < T$ で存在する（局所解の存在）．

証明 まず，$v_0(t,x)$ は前のものを用いて，(5.18) のような逐次近似の函数列 $\{v_i(t,x)\}$ をつくる．

$F(t,u)$ は偏導函数連続であるから，

$$F_0 = \max_{|u| \leq K, 0 < t < T_0} |F(t,u)|, \qquad F_1 = \max_{|u| \leq K, 0 < t < T_0} |F_u(t,u)|$$

なる F_0, F_1 をきめることができる．これらは T_0, および K の函数である．T_0 は今は固定しておく．

そのとき

$$|v_i(t,x)| \leq K$$

ならば，$|v_{i+1}(t,x)| \leq K$ であることは，$|v_0(t,x)| \leq \dfrac{K}{2}$ および，$T_1 \leq \dfrac{K}{2F_0}$ とすることによって達せられる

$$|v_{i+1}(t,x)| \leq \frac{K}{2} + T_1 \cdot F_0 \leq K.$$

一方，$|v_0(t,x)| \leq \dfrac{K}{2}$ は $|u_0(x)| \leq \dfrac{K}{2}$ であればよい．

このようにすれば，$v_i(t,x), i=0,1,2,\cdots$ は $0 < t < T_1$ においてつねに $|v_i(t,x)| \leq K$ をみたしている．次に上の証明において，

$$M_{i+1}(t) \leq \max_{|v| \leq K} |F_u(t,v)| \cdot \int_0^t M_i(\eta) d\eta$$

$$\leq F_1 \cdot \int_0^t M_i(\eta) d\eta,$$

$$M_i(t) \leq \frac{F_1^{i-1} t^i}{i!} \cdot M_0$$

となる．よって証明は前と同じように遂行される．ただし今度は $0<t<T_1$ においてである（局所解である）． （証明終）

注 16 上のような局所解の存在は，連立の拡散系 (5.1) の初期値問題についても成立する．その証明については少しく準備が必要であるので本書ではのべず，結果のみ用いることとする（たとえば [10] をみよ）．

次に (5.16) において，$F(t,x,u)$ を別の $F_1(t,x,u)$ でおきかえたときに用いられる比較定理（[12] にある）についてのべる．

定理 5.2（比較定理） 方程式 (5.16) において，右辺の $F(t,x,u)$ を $F_1(t,x,u) \geq F(t,x,u)$ でおきかえ，同じ初期条件 (5.6) のもとに解いたときの解を $v_1(t,x)$，もとのものを $v(t,x)$ としたならば，

$$v_1(t,x) \geq v(t,x)$$

が成立する（もちろん F は (5.17) をみたす）．

証明 $w(t,x) = v_1(t,x) - v(t,x)$ として，方程式を用いると，

$$w_t - w_{xx} = F_1(t,x,v_1) - F(t,x,v).$$

そこで $w(t,x) = \bar{w}(t,x) e^{-kt}$ とおき，$\bar{w}(t,x)$ のみたす方程式を考えると，

$$\bar{w}_t(t,x) - \bar{w}_{xx} = k\bar{w} + e^{kt}[F_1(t,x,u_1) - F(t,x,u)].$$

(5.8) を用いて，

$$\bar{w}(t,x) = \int_0^t \int_{-\infty}^{+\infty} E(t-\eta, x-\xi)\{k\bar{w} + e^{kt}[F_1 - F]\} d\xi d\eta$$

$$\geq \int_0^t \int_{-\infty}^{+\infty} E(t-\eta, x-\xi)(k\bar{w} - k|\bar{w}|) d\xi d\eta,$$

$$-m(t) = \inf_{\substack{\eta \leq t \\ -\infty < \xi < +\infty}} \{\bar{w}(\eta,\xi) - |\overline{w(\eta,\xi)}|\}$$

とおけば，

$$\bar{w}(t,x) \geq -k \int_0^t m(\eta) d\eta$$

である．
$$\bar{w}(t,x)-|\bar{w}(t,x)|\geqq -2k\int_0^t m(\eta)d\eta,$$
$$\bar{w}(\eta,x)-|\bar{w}(\eta,x)|\geqq -2k\int_0^{\eta_1} m(\eta)d\eta$$
が $0<\eta_1\leqq t$ とするすべての η_1 について成り立つ．
$$-m(t)\geqq -2k\int_0^t m(\eta)d\eta,$$
$$m(t)\leqq 2k\int_0^t m(\eta)d\eta.$$
このことから $m(\eta)=0$ がでる． (証明終)

系 方程式 (5.16) において，初期値 (5.6) において，$\tilde{u}_0(x)\geqq u_0(x)$ を考え，新しい初期値をとる解を $v_1(t,x)$ とすると，
$$v_1(t,x)\geqq v(t,x)$$
が成立する．

証明 $w(t,x)=v_1(t,x)-v(t,x)$ とおけば，
$$w(0,x)\geqq 0,$$
$$w_t-w_{xx}=F(t,x,v_1)-F(t,x,v)$$
$$\geqq -k|w|.$$
そこで，方程式：
$$v_t^*-v_{xx}^*=-k|v^*|$$
を考え，$v^*(t,x)=e^{-kt}v^{**}(t,x)$ とおくと，
$$v_t^{**}-v_{xx}^{**}=0$$
と解くと，$v^{**}(t,x)\geqq 0$ である．一方，定理 5.2 より，(w と v^* に適用して) $w(t,x)\geqq v^*(t,x)\geqq 0$ で証明が終る． (証明終)

5.4 初期値問題の解の大局的存在と解の有界性

(5.1) という連立方程式系の初期値問題の解は，対角行列 $\varLambda=0$ で常微分方

程式の場合にも，場合により有限時間で爆発することがおこった（たとえば §1.5, §3.3）．この事実からも，偏微分方程式系 (5.1), (5.2) の初期値問題について，解の大局的な存在を適当な十分条件のもとに証明しておくことは大切である．一方，一番簡単な場合である拡散方程式については，(5.12) が成立する．これは，初期値 $u_0(x)$ に対する解 $u(t,x)$ は $0<t<+\infty$ に対し，つねに $|u(t,x)| < \sup_{-\infty<x<+\infty} |u_0(x)| = K$ が成り立つことを意味する．さらに非線型方程式 (5.16) についても次のような命題が成り立つ．

命題 方程式 (5.16) に対し，§5.3 の定理 5.1 と同じ条件の $F(t,x,u)$ に対し，もし，$F(t,x,0) = F(t,x,1) = 0$ がみたされ，初期値 (5.6) の $u_0(x)$ についてまた，$0 \leq u_0(x) \leq 1$ がみたされるならば，解 $u(t,x)$ について

$$(5.19) \qquad 0 \leq u(t,x) \leq 1$$

が成り立つ．

証明 §5.3 の系から明らかである．つまり解として $\equiv 0$ と $\equiv 1$ と $u(t,x)$ について比較定理の系を用いればよい．　　　　　　　　　　（証明終）

このような事実が，一般的な偏微分方程式系 (5.1) と初期値 (5.2) からなる初期値問題についてどのような形で成立するかをしらべる必要がある．そのために (5.1) の方程式系に次のような仮定をおく [13]．

仮定A （ i ） Λ という対角行列について，その対角要素：$\lambda_i (i=1,2,\cdots,n)$ が A 個の群に分かれ，

$$0 < \lambda_{\alpha_1} = \lambda_{\alpha_2} = \cdots = \lambda_{\alpha_{S_\alpha}} = \mu_\alpha \qquad (\alpha=1,2,\cdots,A).$$

（ ii ） U のあるべき空間 R^n の中に A 枚の超曲面：$V_\alpha(P_\alpha U) = 0, \ \alpha=1,2,\cdots,A$ があって，これがかこむ集合

$$S = \bigcap_{\alpha=1}^{A} \{U \in R^n, V_\alpha(P_\alpha U) \leq 0\}$$

が空でない有界閉集合であるとする．ここで $P_\alpha U = {}^t(u_{\alpha_1}, u_{\alpha_2}, \cdots, u_{\alpha_{S_\alpha}})$, V_α は S を含む開集合で 2 階偏導函数まで連続とする．

（iii） 次のことをみたす正数 δ_0 が存在する：

$0 \leqq \delta \leqq \delta_0$ なる任意の δ に対して,

$$\text{集合}: \bigcup_{\alpha=1}^{A} \{U \in R^n, V_\alpha(P_\alpha U) = \delta, V_\beta(P_\beta U) \leqq \delta \, (\alpha \neq \beta)\}.$$

上ですべての α について次の（イ），（ロ）が成立する．

（イ）
$$\left(\frac{\partial^2 V_\alpha(P_\alpha U)}{\partial u_{\alpha_i} \partial u_{\alpha_j}}\right) \geqq 0.$$

（ロ）正の定数 K が存在して
$$\sum_{i=1}^{S_\alpha} \frac{\partial V_\alpha(P_\alpha U)}{\partial u_{\alpha_i}} f_{\alpha_i}(U) \leqq K\delta.$$

定理 5.3 上の仮定 A のもとに，初期値 $U_0(x) \in S \, (x \in R^s)$ であれば，$U(t, x)$ が $[0, +\infty) \times R^s$ で存在すれば，つねに $U(t, x) \in S$ である．

証明 t の集合 $[0, +\infty)$ について，まず基礎的事実をのべる．上のような t の集合の部分集合 E について，E が開集合であるとは，E の各点の近傍の点が**すべて** E に属する場合をいう．また E が閉集合であるとは，ある点 t をとって，その任意の近傍に E に属する点が存在するとき，その t もまた E に属する，という性質がある場合をいう．今ある部分集合 E_1 をとり，それが閉集合でありかつ開集合でかつ空でないならば全体 $[0, +\infty)$ に一致する．その理由は実数集合 $[0, +\infty)$ は2つの共通部分のない閉集合の合併とすることが不可能なこと（実数区間の連結性）による．もし E が上の性質をもちかつ全集合と一致しないならば E の余集合も閉集合となり，2つの共通部分のない集合に $[0, +\infty)$ が分解されるからである．

そこで初期値問題の解 $U(t, x)$ が $U_0(x) \in S$ なるとき任意の t_0 まで存在したとしよう．もちろん，この関数 U および，その偏導函数は t_0 をきめれば有界であることは自明である．

いま，$[0, +\infty)$ の部分集合として，上の解 $U(t, x)$ に対し次のような t の集合 E をとる．
$$E = \{t \in [0, +\infty); U(t, x) \in S \, (x \in R^s)\}.$$
まず，E は空でない．なぜなら $U(0, x) = U_0(x) \in S$ だからである．

つぎに，閉集合である．今 $\{\tau_i\}$ という t の列があり τ_i $(i=1,2,\cdots,n)\in E$ とし，$\lim_{i\to+\infty}\tau_i=t_1$ としておくと，$U(t,x)$, $V_\alpha(P_\alpha U)$ の連続性より，$t_1\in E$ であるからである．

のこるのは上の E が**開集合**であることである．(5.1)の方程式系は右辺に t を陽明的に含まないことを利用すると，$t=0$ において次のことを証明すればたりる．ある $T>0$ が存在して，$[0,T]$ において，$U(t,x)\in S$ $(x\in R^s)$ を示せばよい．上に述べたように一応 t_0 を固定しておけば，U の偏導函数はそこで有界であるから，$V_\alpha(P_\alpha U)$ も t に関するリプシッツ条件をみたし，$V_\alpha(P_\alpha U_0)\leq 0$ によって，十分 T を小にし，かつ

$$M=\max_{0\leq t\leq T}\sup_{x\in R^s}V_\alpha(P_\alpha U(t,x))$$

とすれば，

$$M\leq\frac{\delta_0}{3e}$$

とできる．T は個々の $U(t,x)$ には依存する．さて次の3つの定数，$r\geq 1$, a, b を次のようにきめる：

$$(\varDelta)\quad\begin{cases}a>2s\mu_\alpha\text{（すべての}\alpha\text{について）},\\ b>K.\end{cases}$$

そして次のような函数 W_α をすべての α について考える．

$$W_\alpha=V_\alpha(P_\alpha U)-\frac{M}{r^2}(1+|x|^2+at)e^{bt}.$$

ここで，$|x|^2=\sum_{i=1}^{s}x_i^2$ である．明らかに

$$W_\alpha(0,x)<0 \quad\text{（すべての } x\in R^s \text{ について）}.$$

さらに，すべての $(t,x)\in[0,T]\times\{|x|^2=r^2\}$ について

$$W_\alpha(t,x)\leq M\left[1-\frac{e^{bt}}{r^2}-e^{bt}\right]<0.$$

このことから，"$W_\alpha(t,x)<0$ がすべての $[0,T]\times\{|x|\leq r\}$" についていえれば十分である．なぜなら (t,x) を $[0,T]\times R^s$ の任意の1点として固定し，

5.4 初期値問題の解の大局的存在と解の有界性

$W_\alpha(t, x)$ で $r \to +\infty$ とすれば求める $V_\alpha(P_\alpha U) \leq 0$ が $[0, T] \times R^s$ に対して得られる.そこで " " のことを矛盾で示す.

いま,ある α に対して,適当な $t_1 (0 < t_1 \leq T)$ および $x_1 \in R^s$ があって ($|x_1| < r$),

$$W_\alpha(t_1, x_1) \geq 0$$

がおこったとする.そのとき,次のような $t_2 \leq t_1$ が存在する.

$$t_2 = \min_\alpha \inf \{t; W_\alpha(t, x_0) = 0 \text{ なる } x_0 \text{ が } |x_0| < r \text{ で存在する}\}.$$

連続性により,

$$\max_{|x| \leq r} W_\alpha(t_2, x) = W(t_2, x_0) = 0$$

であるはずである.$W_\alpha(t, x)$ について,次のような不等式をみちびく.

$$\frac{\partial V_\alpha}{\partial t} = \sum_{i=1}^{S_\alpha} \frac{\partial V}{\partial u_{\alpha_i}} \frac{\partial u_{\alpha_i}}{\partial t}$$

$$= \sum_{i=1}^{S_\alpha} \frac{\partial V_\alpha}{\partial u_{\alpha_i}} [\mu_\alpha \Delta u_{\alpha_i} + f_{\alpha_i}(U)]$$

$$(*) \qquad = \mu_\alpha \Delta V_\alpha - \mu_\alpha \sum_{i,j=1}^{S_\alpha} \sum_{k=1}^{s} \frac{\partial^2 V_\alpha}{\partial u_{\alpha_i} \partial u_{\alpha_j}} \frac{\partial u_{\alpha_i}}{\partial x_k} \frac{\partial u_{\alpha_j}}{\partial x_k} + \sum_{i=1}^{S_\alpha} \frac{\partial V_\alpha}{\partial u_{\alpha_i}} f_{\alpha_i}(U).$$

また,

$$\frac{\partial W_\alpha}{\partial t} - \mu_\alpha \Delta W_\alpha = \frac{\partial V_\alpha}{\partial t} - \mu_\alpha \Delta V_\alpha - \frac{M}{r^2} [b(1 + |x|^2 + at) + a - 2s\mu_\alpha] e^{bt}.$$

今,(t_2, x_0) では,

$$\frac{\partial W_\alpha}{\partial t} \geq 0,$$

最大値であることから

$$\Delta W_\alpha \leq 0.$$

$W_\alpha = 0$ であり,$W_\beta \leq 0 (\beta \neq \alpha)$ は t_2 の定義から成り立つ.一方

$$V_\alpha(P_\alpha U) = \frac{M}{r^2}(1 + |x_0|^2 + at_2) e^{bt_2} \equiv \delta \leq \delta_0$$

とおくと,$T \leq \min\left(\dfrac{1}{a}, \dfrac{1}{b}\right)$ としておけば,(Δ) より

5. 非線型で拡散をともなう現象の微分方程式系

$$V_\beta \leq \delta \quad \text{であり},\ (\beta \neq \alpha),$$
$$0 < \delta < \delta_0$$

が成立している．よって上の仮定内の仮定が成立するから，(*)の第2項，第3項にイ)，ロ)を用いることにより

$$0 \leq \frac{\partial W_\alpha}{\partial t} - \mu_\alpha \Delta W_\alpha \leq -(b-K)\delta < 0.$$

よって矛盾である． (証明終)

注 17 上の定理で(5.1)，(5.2)の初期値問題について，$[0, +\infty)$まで(大局的)解が存在するとして，それが初期値が入っている有界集合から，その解の値がでないことが証明された．しかし$[0, +\infty)$のかわりに$[0, t_0]$まで解が存在するとしても同様であって，そこで同じ結論を得る．ここで局所的解の存在定理は証明されたとして，その場合，(5.16)に対し§5.3の系2で述べたことを思い出すと，局所解が存在するtの範囲$0 \leq t \leq T$は，$F_0 = \max_{|u| \leq K, 0 < t < T_0} |F(t, u)|$できまった．同様のことは，連立に対してもいえるのであって，上のようなTの大きさは，ここでは(5.1)の$F(U)$の初期値における大きさに依存する．それが$[0, t_0]$までかわらないことを，上のこの節の定理が意味しているから，t_0からさらに一定幅だけ延長することができる．このようにつづけてゆくと，$t \to +\infty$ まで大局的な解の存在がいえるのである．

次に(5.1)の微分方程式系に対して同じことを差分法を用いて証明することができる．ただしV_αはここでは1次函数である場合に限る．差分法を用いて証明することの意味は重大である．なぜなら初期値問題(5.1)，(5.2)を数値的に解きたい場合，(5.1)，(5.2)を差分法になおし，電子計算機にかける．そのとき有効である差分法をあたえることになるからである [14]．

上の定理の際用いたP_αを用いて記述しよう．微分方程式系(5.1)について次の仮定Bをおく．

仮定B 定数ベクトル，$l_\alpha^\beta = (0, \cdots, 0, l_{\alpha_1}^\beta \cdots l_{\alpha_{S_\alpha}}^\beta, 0, \cdots, 0)$および定数 $C_\alpha^\beta \geq 0$，函数 $S_\alpha^\beta(U), \alpha = 1, \cdots, A, \beta = 1, 2, \cdots, p(\alpha)$ が存在して，次の(Δ_1)が成立する．

5.4 初期値問題の解の大局的存在と解の有界性

$$(\varDelta_1) \qquad \bigcap_{\alpha=1}^{A}\bigcap_{\beta=1}^{p(\alpha)}\{U\in R^n;\, l_\alpha^\beta\cdot U\leq C_\alpha^\beta\}$$

に入る U に対し,

$$l_\alpha^\beta\cdot F(U)\leq (C_\alpha^\beta - l_\alpha^\beta\cdot U)S_\alpha^\beta(U), \qquad S_\alpha^\beta(U)\geq 0$$

である. ただし仮定Aの i) のみは成立しているとしておく.

そこで (5.1), (5.2) に対し次のような差分法を考える.

$$(5.20) \qquad \frac{1}{k}(U^{i+1,J}-U^{i,J}) = \frac{1}{h^2}\varLambda\sum_{m=1}^{S}T_m^- T_m^+ U^{i,J} + F(U^{i,J})$$
$$-S(U^{i,J})(U^{i+1,J}-U^{i,J}),$$

$$(5.21) \qquad U^{0,J}=U_0(Jh).$$

これは前節 (5.13)′ の非線型の方程式系の拡張である. ここで,

$$U^{i,J}=U(ik, j_1 h, j_2 h, \cdots, j_s h),\, J=(j_1, \cdots, j_s)$$

であり, h, k はそれぞれ空間間隔, 時間間隔である. また $T_m^\pm$ は j_m を $j_m\pm 1$ でおきかえる平行移動の操作であり, たとえば

$$T_m^\pm U^{i,j}=\pm U(ik, j_1 h, \cdots, j_{m-1}h, (j_m\pm 1)h, j_{m+1}h, \cdots, j_s h) - U^{i,j}$$

である. また $S(U)$ は次のような $n\times n$ 対角行列

$$S(U)=\begin{bmatrix} S_1(U) & & 0 \\ & \ddots & \\ 0 & & S_A(U) \end{bmatrix}$$

であり, 各 $S_\alpha(U)$ は α 次の対角行列で, その要素はすべて, $\sum_{\beta=1}^{p(\alpha)}S_\alpha^\beta(U)$ である.

定理 5.4 微分方程式系の初期値問題 (5.1), (5.2) を解くための差分法 (5.20), (5.21) において, $\lambda=k/h^2$ に対し

$$0<\lambda\max(\mu_1, \cdots, \mu_A)\leq \frac{1}{2s}$$

が成立し, かつ, 集合

$$\bigcap_{\alpha=1}^{A} \bigcap_{k=1}^{p(\alpha)} \{U \in R^n; l_\alpha^\beta \cdot U \leq C_\alpha^\beta\} = F$$

が有界閉集合であり，$U_0 \in F$ ならば，すべての i, J に対し，

$$U^{i,J} \in F$$

である．

証明 数学的帰納法を用いるため，任意の，α, β について

$$l_\alpha^\beta \cdot U^{i,J} \leq C_\alpha^\beta$$

を仮定する．(5.20) を (5.13)' と同様な形になおす．

(5.22) $\quad U^{i+1,J} = P_s(U^{i,J}) + kF(U^{i,J}) - kS(U^{i,J})(U^{i+1,J} - U^{i,J}).$

ここで $P_s(U^{i,J}) = \left(I + \lambda \Lambda \sum_{m=1}^{s} T_m^+ T_m^-\right) U^{i,J}$ であって (5.13)' にもちいた P_h の一般化である．今，1つの α_0, β_0 について (5.22) に $l_{\alpha_0}^{\beta_0}$ をかけてスカラー積をつくる．

$$l_{\alpha_0}^{\beta_0} U^{i+1,J} = P_S(l_{\alpha_0}^{\beta_0} U^{i,J}) + k l_{\alpha_0}^{\beta_0} F(U^{i,J})$$
$$- kS(U^{i,J})(l_{\alpha_0}^{\beta_0} U^{i+1,J} - l_{\alpha_0}^{\beta_0} U^{i,J}).$$

仮定 B を用いる．($\varDelta_1$) により

$$l_{\alpha_0}^{\beta_0} \cdot U^{i+1,J} \leq P_s(l_{\alpha_0}^{\beta_0} U^{i,J}) + k(C_{\alpha_0}^{\beta_0} - l_{\alpha_0}^{\beta_0} U^{i,J}) \cdot S_{\alpha_0}^{\beta_0}(U^{i,J})$$
$$- kS(U^{i,J})(l_{\alpha_0}^{\beta_0} \cdot U^{i+1,J} - l_{\alpha_0}^{\beta_0} \cdot U^{i,J})$$
$$\leq P_s(l_{\alpha_0}^{\beta_0} \cdot U^{i,J}) + k(C_{\alpha_0}^{\beta_0} - l_{\alpha_0}^{\beta_0} U^{i+1,J}) \cdot S_{\alpha_0}^{\beta_0}(U^{i,J})$$
$$- k \sum_{\substack{\beta=1 \\ \beta \neq \beta_0}}^{p(\alpha_0)} S_{\alpha_0}^\beta(U^{i,J})(l_{\alpha_0}^{\beta_0} U^{i+1,J} - l_{\alpha_0}^{\beta_0} \cdot U^{i,J}).$$

よって

(5.23)

$$l_{\alpha_0}^{\beta_0} \cdot U^{i+1,J} \leq \frac{P_s(l_{\alpha_0}^{\beta_0} \cdot U^{i,J}) + kC_{\alpha_0}^{\beta_0} S_{\alpha_0}^{\beta_0}(U^{i,J}) + k \sum_{\beta=1, \beta \neq \beta_0}^{p(\alpha_0)} S_{\alpha_0}^\beta(U^{i,J}) \cdot l_{\alpha_0}^{\beta_0} U^{i,J}}{1 + k \sum_{\beta=1}^{p(\alpha_0)} S_{\alpha_0}^\beta(U^{i,J})}.$$

帰納法の仮定より
$$l_{\alpha_0}^{\beta_0} U^{i+1,J} \leq C_{\alpha_0}^{\beta_0}$$
が成立する．よって
$$U^{i+1,J} \in \bigcap_{\alpha=1}^{A} \bigcap_{\beta=1}^{p(\alpha)} \{U \in R^n ;\ l_\alpha^\beta U \leq C_\alpha^\beta\}. \qquad \text{(証明終)}$$

注 18 上の証明は特に $\varLambda$ が 0 行列であり，系が常微分方程式系の場合にももちろん有効である．たとえば §3.1 の連立方程式の場合もこのような工夫をすれば有界性がそのままで証明できる差分法を構成できる（[15], [16] も参考になる）．

次に上の定理の適用例を述べよう．

例 1 拡散を考慮したロジスティック方程式 $(n=1)$

(5.24) $$\frac{\partial u}{\partial t} = \varDelta u + (1-u)u \quad (u \text{ はスカラー}),$$

$$u^{i+1,J} = P_h(u^{i,J}) + k(1 - u^{i+1,J})u^{i,J}.$$

ここで用いた超平面は $u=1$ および $u=0$ である．よって $1 \cdot F(u) = (1-u)u$, $S_1(u) = u$, $S_2(u) = 0$ である．$l_1^1 = 1$, $l_1^2 = -1$．

例 2 超伝導の方程式系 $(n=2)$

(5.25) $$\frac{\partial U}{\partial t} = \varDelta U + F(U),$$

$$\begin{aligned}f_1(U) &= (1 - u_1^2 - u_2^2)u_1, \\ f_2(U) &= (1 - u_1^2 - u_2^2)u_2,\end{aligned} \qquad U = \begin{pmatrix} u_1 \\ u_2 \end{pmatrix},$$

$$l_1^1 = (-1, 0), \qquad l_1^2 = (1, 0),$$

$$\begin{aligned}\pm 1 \cdot f_1 &= \pm(1 - u_1^2 - u_2^2)u_1 \\ &= \pm(1 - u_1^2)u_1 \mp u_2^2 u_1 \\ &= (1 - u_1^2)(1 \pm u_1) - (1 - u_1^2) + (1 \mp u_1)u_2^2 - u_2^2 \\ &\leq (1 \mp u_1)\{(1 \pm u_1)^2 + u_2^2\} = (1 \mp u_1)S_\pm(U).\end{aligned}$$

よって差分法は

$$U^{i+1,J} = P_s(U^{i,J}) + kF(U^{i,J}) - 2k(1+u_2^2+u_1^2)^{i,J}(U^{i+1,J}-U^{i,J}).$$

例3 抗原抗体反応の方程式 $n=4,\ s=1$ ([16] 参照)

(5.26)
$$\frac{\partial U}{\partial t} = \Lambda \frac{\partial^2 U}{\partial x^2} + F(U).$$

ここで,

$$\Lambda = \begin{bmatrix} 1 & 0 & 0 & 0 \\ 0 & 1 & 0 & 0 \\ 0 & 0 & 0 & 0 \\ 0 & 0 & 0 & 0 \end{bmatrix}, \quad F(U) = \begin{bmatrix} f_1(U) \\ f_2(U) \\ f_3(U) \\ f_4(U) \end{bmatrix},$$

$$f_1(U) = -d_1 u_1 u_4 - d_2 u_1 u_3,$$
$$f_2(U) = -d_3 u_2 u_4 + d_2 u_1 u_3,$$
$$f_3(U) = -d_2 u_1 u_3 + d_3 u_2 u_4,$$
$$f_4(U) = -d_1 u_1 u_4 - d_3 u_2 u_4, \qquad (d_i > 0,\ i=1,2,3,4).$$

差分法は
$$U^{i+1,j} = P_1(U^{ij}) + kF(U^{i,j}) - kS(U^{i,j})(U^{i+1,j}-U^{i,j}).$$

$S(U^{i,j})$ は4次の対角行列で

$$S_1(U^{i,j}) = S_2(U^{i,j}) = \{(d_1+d_3)u_4 + d_2 u_3\}^{i,j},$$
$$S_3(U^{i,j}) = S_4(U^{i,j}) = \{(d_1+d_2)u_1 + d_3 u_2\}^{i,j}.$$

$$c_1^1 = 0, \qquad c_2^1 = 0, \qquad c_3^1 = \bar{\varphi}_1 + \bar{\varphi}_2,$$
$$l_1^1 = (-1,0,0,0), \quad l_2^1 = (0,-1,0,0), \quad l_3^1 = (1,1,0,0),$$
$$l_1^2 = (0,0,-1,0), \quad l_2^2 = (0,0,0,-1), \quad l_3^2 = (0,0,1,1),$$
$$c_1^2 = 0, \qquad c_2^2 = 0, \qquad c_3^2 = \bar{\varphi}_3 + \bar{\varphi}_4.$$

ここで $\bar{\varphi}_i$ は初期値 $U_0(x) = {}^t(\varphi_1(x), \varphi_2(x), \varphi_3(x), \varphi_4(x))$ の φ_i の max である.

たとえば,
$$-1 \cdot f_1 = (d_1 u_4 + d_2 u_3) u_1 = -(-u_1)(d_1 u_4 + d_2 u_3),$$
$$S_1 = d_1 u_4 + d_2 u_3,$$

5.4 初期値問題の解の大局的存在と解の有界性

$$-1 \cdot f_2 = d_3 u_2 u_4 - d_2 u_1 u_3 \leq -(-u_2) d_3 u_4,$$
$$S_2 = d_3 u_4.$$

差分法としては,

$$u_1^{i+1} = P(u_1^i) - k(d_1 u_1^i u_4^i + d_2 u_3^i)(u_1^{i+1} - u_1^i),$$
$$u_2^{i+1} = P(u_2^i) - k(d_3 u_2^i u_4^i - d_2 u_1^i u_4^i) - $$
$$- k\{(d_1 + d_3) u_4^i + d_2 u_3^i\}(u_2^{i+1} - u_2^i)\}$$

などとなる.

注 19 定理 5.3 で述べた仮定と, この定理 5.4 でもちいた仮定とは少しくいちがっている.

定理 5.3 の $V_\alpha(P_\alpha U)$ としては, 今度の定理で
$$V_\alpha(P_\alpha U) = l_\alpha \cdot U$$
となり, 定理 5.3 イ) は一次函数であるので自動的にみたされる. 一方 ロ) は
$$\sum_{i=1}^{S_\alpha} l_{\alpha_i} \cdot f_{\alpha_i}(U) = 0$$
が $l_\alpha \cdot u = c_\alpha$ の上でみたされることとなる. $F(U)$ が無限回微分可能ならば, このことから
$$l_\alpha \cdot F(U) = (c_\alpha - l_\alpha \cdot U) S_{\alpha_0}(U).$$
$S_\alpha(U)$ としては ≥ 0 にとれる ($l_\alpha \cdot U \leq c_\alpha$ の上で). それは
$$\max_{u \in F} |S_{\alpha_0}(U)| = N$$
として
$$N + S_{\alpha_0}(U) = S_\alpha(U)$$
ととれば, 明らかに, 後の定理の仮定 ($\varDelta_1$) をみたすようにできる. したがって前定理の特別な場合とみなすことができる.

一方, 上の 2 つの定理でもって, 判別できない例もある.

例 4 次のような連立偏微分方程式系を考えよう.

$$\left\{ \frac{\partial u}{\partial t} = \frac{\partial^2 u}{\partial x^2} + uv, \right. \qquad (1)^*$$

$$\left\{ \frac{\partial v}{\partial t} = -uv. \right. \tag{2}*$$

もし,拡散の項がないときは,常微分方程式系

$$\left\{ \begin{array}{l} \dfrac{\partial u}{\partial t} = uv, \\ \dfrac{\partial v}{\partial t} = -uv \end{array} \right.$$

であって,第1積分はただちに求まる.両式を足して

$$\frac{\partial (u+v)}{\partial t} = 0$$

がでる.一方初期値 $u_0 \geqq 0$, $v_0 \geqq 0$ であれば,§2.4 より $u(t) \geqq 0$, $v(t) \geqq 0$,よって, u, v はつねに $u+v=c \geqq 0$, $u \geqq 0$, $v \geqq 0$ と3つの直線にかこまれる領域に入ったままであって,有界性はしめすことができる.しかし上の $(1)^*, (2)^*$ については,同様な論法で証明することができない.しかし,この §5.2 に述べた拡散方程式のくわしい性質を用いると次のような場合には,有界性のみでなく,$t \to +\infty$ での挙動まで考察することができる.$u_0(x) \geqq 0$ のときを考える.

その前に §5.2 の方程式 (5.7) を初期値 (5.6) のもとで解いたとき,もし $u_0(x)$ の 0 でないような x が有界集合のとき,解 $v_0(t, x)$ は $t \to +\infty$ のときどのようにふるまうかをしらべておこう.$u_0(x) \equiv 0$ が $|x| \geqq L$ に対して成り立つとき,(5.10) より

$$\begin{aligned} v_0(t,x) &= \int_{-\infty}^{+\infty} E(t, x-\xi) u_0(\xi) d\xi \\ &= \int_{-L}^{L} E(t, x-\xi) u_0(\xi) d\xi \\ &= \sqrt{\frac{1}{\pi}} \int_{x-L/2\sqrt{t}}^{x+L/2\sqrt{t}} e^{-\zeta^2} u_0(x - 2\sqrt{t}\,\zeta) d\zeta \\ &\leqq \sqrt{\frac{1}{\pi}} \bar{u}_0 \frac{L}{\sqrt{t}}, \qquad \bar{u}_0 = \max_{-L \leqq x \leqq L} u_0(x). \end{aligned}$$

$u_0(x) \not\equiv 0$ より, $u_0(x) > \delta$ なる区間の長さを L_1 とすれば

5.4 初期値問題の解の大局的存在と解の有界性

$$v_0(t,x) \geq \sqrt{\frac{1}{\pi}} \delta \cdot \frac{L_1}{\sqrt{t}}$$

もでる．結局 $t \to +\infty$ のとき $v_0(t,x) = 0\left(\dfrac{1}{\sqrt{t}}\right)$ である．

そこで（1）*，（2）* の式について，次の仮定と結論がでる．

【 $u(0,x) = u_0(x) \geq 0$, 有界連続

　$v(0,x) = v_0(x) \geq 0$, 連続かつ $|x| \geq L$ で $\equiv 0$

とすると，1)*，2)* の解 $u(t,x), v(t,x)$ は $0 < t < +\infty$ について有界かつ，$t \to +\infty$ のときともに 0 となる．】

証明 まず，$u(t,x) \geq 0, v(t,x) \geq 0$ は仮定よりでる．なぜなら，たとえば次の差分法を考えればよい．

$$\begin{cases} u^{n+1} = P_h u^n + k u^n v^n, \\ v^{n+1} = v^n - k u^n v^{n+1}. \end{cases}$$

これから，$u^n \geq 0, v^n \geq 0$ より $u^{n+1} \geq 0, v^{n+1} \geq 0$ がでる．また別の方法としては (2)* から v を出し，(1)* に代入して (5.10) の式を用いてもでる．

まず，補助的に次の初期値問題を考える．

$$\frac{\partial u_1}{\partial t} = \frac{\partial^2 u_1}{\partial x^2}, \qquad u_1(0,x) = u_0(x) \qquad (3)^*$$

そうすると，§5.2 の比較定理の系より，(1)* と (3)* を比較して

$$u_1(t,x) \leq u(t,x) \qquad (0 \leq t < +\infty, -\infty < x < +\infty).$$

それは，上の非負性から $uv \geq 0$ による．更に次の方程式の初期値問題を考える．

$$\frac{\partial u_2}{\partial t} = \frac{\partial^2 u_2}{\partial x^2} + u_2 \cdot v_0(x) e^{-\int_0^t u_1(\tau,x) d\tau}, \qquad u_2(0,x) = u_0(x). \qquad (4)^*$$

また (2)* を解いて (1)* へ代入すると

$$\frac{\partial u}{\partial t} = \frac{\partial^2 u}{\partial x^2} + u v_0(x) e^{-\int_0^t u(\tau,x) d\tau}, \qquad u(0,x) = u_0(x). \qquad (5)^*$$

(4)* と (5)* に比較定理を用いると，

$$u_1(t,x) \leq u(t,x) \leq u_2(t,x).$$

ところで，$u_2(t, x)$ は，適当な定数 c により次の方程式

$$\frac{\partial u_3}{\partial t} = \frac{\partial^2 u_3}{\partial x^2} + u_3(t, x)\,\bar{v}_0 e^{-c\int_\varepsilon^t d\tau/\sqrt{\tau}}, \qquad u_3(0, x) = u_0(x)$$

の解 $u_3(t, x)$ をもちいておさえられる；

$$u_2(t, x) \leq u_3(t, x).$$

$u_3(t, x)$ は

$$\frac{\partial u_3}{\partial t} = \frac{\partial^2 u_3}{\partial x^2} + u_3 \cdot D e^{-2c\sqrt{t}}, \qquad D = \bar{v}_0 e^{2c\sqrt{\varepsilon}}.$$

そこで，

$$u_4 = u_3 \exp\left(-D \cdot \int_0^t e^{-2c\sqrt{\tau}}\,d\tau\right)$$

とおくと，u_4 は

$$\begin{aligned}
\frac{\partial u_4}{\partial t} &= \left(\frac{\partial u_3}{\partial t} - D e^{-2c\sqrt{t}} u_3\right)\exp\left(-D\int_0^t e^{-2c\sqrt{\tau}}\,d\tau\right) \\
&= \frac{\partial^2 u_3}{\partial x^2}\exp\left(-D\int_0^t e^{-2c\sqrt{\tau}}\,d\tau\right) \\
&= \frac{\partial^2 u_4}{\partial x^2}
\end{aligned}$$

である．したがって，$u_3(t, x) \leq \overline{u_0(x)}$ であるとともに

$$u_3(t, x) \to 0 \qquad (t \to +\infty)$$

であるから

$$u(t, x) \to 0 \qquad (t \to +\infty)$$

となる．

一方，$v(t, x)$ は

$$v(t, x) = v_0(x) e^{-\int_0^t u(\tau, x)\,d\tau}$$

$$\leq v_0(x) e^{-\int_0^t c\,d\tau/\sqrt{\tau}} \to 0 \qquad (t \to +\infty)$$

となり，両方の函数が $\to 0 (t \to +\infty)$ となる．常微分では，$u_0, v_0 \neq 0$ のとき，u, v 平面でみれば，

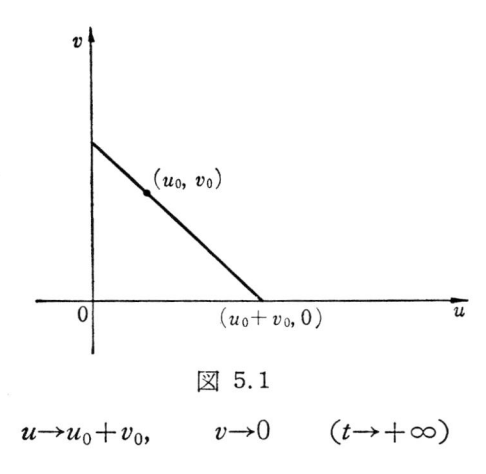

$$u \to u_0 + v_0, \qquad v \to 0 \qquad (t \to +\infty)$$

となる. (証明終)

同様に，次の問題

$$\begin{cases} \dfrac{\partial u}{\partial t} = \dfrac{\partial^2 u}{\partial x^2} - uv, \\ \dfrac{\partial v}{\partial t} = uv \end{cases}$$

で，$u(x,0) = u_0(x)$ について台が有界，ならば，初期値問題の解の有界性が出せる．

5.5 非線型拡散方程式の初期値問題の解の漸近挙動

すでに §1.4 で述べた成長を記述した方程式(ロジスティック方程式)：

$$\frac{du}{dt} = (1-u)u$$

に対しては，初期値 $u_0 = 0$ のときは解は恒等的に 0 であるが，どんなに小さくとも $u_0 > 0$ なる点があれば，解 $u(t)$ は t が増すにしたがって，平衡値 1 に近づいてゆく．このことを次のような形の偏微分方程式に対して研究しよう．

(5.27) $$\frac{\partial u}{\partial t} = \frac{\partial^2 u}{\partial x^2} + (1-u^2)u.$$

この方程式に対し，初期値

(5.28) $\quad u(0,x) = u_0(x) \quad (u_0(x): 有界連続)$

を考える．$u_0(x)$ が1より小な定数かつ正であれば，上に述べた常微分方程式の理論と同様に，$u(t,x)$ は t が増せば1に近づくことは明らかである．問題は $u_0(x)$ が有界閉集合をのぞいて0のときはどうか？ というのが偏微分方程式固有の問題である．池田信行および亀高惟倫が，これに対して明快な解答をした．それは次のようなものである．

【方程式 (5.27) の解で初期条件 (5.28) をみたすものを $u(t,x)$ とするとき，$0 \leq u_0(x) < 1$，$u_0(x) \not\equiv 0$ であれば，任意の有界閉集合を K として，任意の $\varepsilon > 0$ に対し，t_0 を十分大きくとれば，$x \in K$, $t > t_0$ に対して
$$0 < 1 - u(t,x) < \varepsilon$$
が成立する．】

つまり，$u_0(x)$ の上限がどんなに小さくても，また，有界閉集合をのぞいて0であっても，恒等的に0でさえなければ，$u(t,x)$ は t が増すにしたがって1に近づくことを証明した．

証明 ここでは楕円函数をもちいた亀高の簡単な証明を述べよう．

上の初期値問題には大局的解が存在し，しかもその $u(t,x)$ について $0 \leq u(t,x) < 1$ ($t > 0$) が成立することはすでに述べた (§5.4 命題)．

ここでは，まず，比較定理をさらに用いて，$t = t_0 > 0$ とすると，任意の t_0 について
$$0 < u(t_0, x)$$
であることを示そう．それは方程式 (5.27) の解と同じ初期値の拡散方程式 (5.7) の解 $v_0(t,x)$ を比較定理により比較すれば，
$$0 < v_0(t_0, x) \leq u(t_0, x) \quad (t_0 > 0)$$
であることから明らかである．したがって $t_0 = t$ を新しい初期時刻と考えると，$u(t_0, x)$ は任意の有界閉集合上では0にいくらでも近づく値をとらない．以上のことを注意して，証明にかかる．補助方程式として，次の常微分方程式を考える．

5.5 非線型拡散方程式の初期値問題の解の漸近挙動

$$\begin{cases} \dfrac{d\rho}{dt} = (1-\rho^2)\rho, \\ \rho(0) = \rho_0, \qquad 0 < \rho_0 < 1. \end{cases}$$

この初期値問題に対しても解がただ1つ大局的に存在し，$0 < \rho(t) < 1$ であり，$t \to +\infty$ のとき $\rho(t) \to 1$ であることは $\rho\dot\rho = (1-\rho^2)\rho^2$ などを考慮すればすぐわかる．

一方，平衡状態を表わすものとして，次の微分方程式

$$-\varphi''(x) = (1-\varphi^2)\varphi$$

を考える．これには典型的解がある．すなわち，ヤコビ(Jacobi)の楕円函数 sn を用いて次のように表わされる．

$$\varphi(x) = \sqrt{\frac{2s^2}{1+s^2}}\, sn\!\left(\sqrt{\frac{1}{1+s^2}}\,x + K(s)\right).$$

ここで $snZ = sn(Z, s)$ について述べておくと，$0 < s < 1$ なる s に対して，

$$Z = \int_0^{am(Z,s)} \frac{d\theta}{\sqrt{1-s^2\sin^2\theta}}$$

で定義される $am(Z, s)$ を用いて，sn, cn は次のように定義される．

$$snZ = \sin amZ,$$
$$cnZ = \cos amZ.$$

これは周期 $4K(s)$ である．ここで $K(s)$ は

$$K(s) = \int_0^{\pi/2} \frac{d\theta}{\sqrt{1-s^2\sin^2\theta}}$$

であり，これは $s \to 1$ のとき，$K(s) \to +\infty$ となる．

定義から，snZ のみたす常微分方程式は，$(snZ)' = cnZ\, dnZ$，$(cnZ)' = -snZ\, dnZ$ を用いて，

$$(snZ)'' + (1+s^2)snZ - 2s^2(snZ)^3 = 0.$$

今，$\varphi(x) = \alpha sn[\beta x + K(s)]$ とおいて，φ の微分方程式から α, β をきめれば，

$$\alpha = \sqrt{\frac{2s^2}{1+s^2}}, \qquad \beta = \frac{1}{\sqrt{1+s^2}}.$$

そこで，$\varphi(x)$ を図示しておこう．

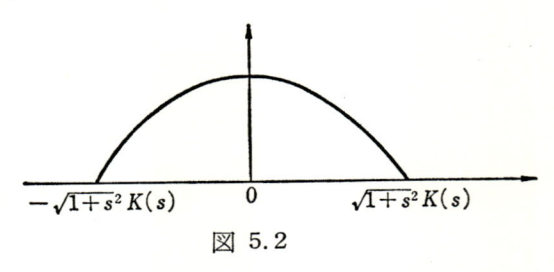

図 5.2

$$x\varphi'(x) \leqq 0, \qquad |x| \leqq \sqrt{1+s^2} K(s)$$

は図5.2から明らかである．$|x| \geqq \sqrt{1+s^2} K(s)$ では $\varphi(x) \equiv 0$ と定義しておこう．

はじめに述べた考察により，必要ならば時間軸の原点を少し移動することにより，$u_0(x)$ はすべての x について正と仮定できる．上の常微分方程式の解 ρ と φ を用いて

$$v(t,x) \equiv \rho(t)\varphi(\rho(t)\cdot x)$$

を考えると．$v(0,x) = \rho_0 \varphi(\rho_0 x)$ であり，十分 ρ_0 を小とすると，

$$v(0,x) < u_0(x)$$

と仮定してよい．ところでこの $v(t,x)$ は次の偏微分方程式をみたす．

$$\frac{\partial v}{\partial t} = \frac{\partial^2 v}{\partial x^2} + (1-v^2)v + \rho(1-\rho^2)\rho x \varphi'(\rho x).$$

しかも右辺の最後の項は $\leqq 0$ である．よって，§5.3の比較定理より

$$v(t,x) \leqq u(t,x) \qquad \left(|x| \leqq \frac{1}{\rho_0}\sqrt{1+s^2} K(s)\right)$$

である．任意の有界閉集合をとったときそれは s を十分 1 に近づけて

$$|x| \leqq \frac{1}{\rho_0}\sqrt{1+s^2} K(s)$$

に入り，もっと s を 1 に近づけることにより，十分大きい t_0 をとると，

$$1 - v(t,x) < \varepsilon \qquad (x \in K, t > t_0)$$

とできる．よって

$$1 - u(t,x) < \varepsilon \qquad (x \in K, t > t_0)$$

5.5 非線型拡散方程式の初期値問題の解の漸近挙動

が証明できた．

上の問題は初期値問題であったが，初期値境界値問題についてはどうか？実は亀高および池田はそれも含めて，空間次元の高い場合も含めて，次のような結果を得た．

一般的な方程式

(5.29) $$\frac{\partial u}{\partial t} = \Delta u + f(u).$$

ここで $(t, x) \in [0, +\infty) \times R^s$ である．$f(u)$ は次の仮定をみたす．

仮定 『$f(w)$ は $[0, 1]$ の区間で無限回微分可能，
$$f(0) = f(1) = 0, \quad f(w) \geqq 0 \quad (w \in [0, 1]).$$
さらに $c > 0$ が存在して，
$$f'(w) + c \geqq 0 \quad (w \in [0, 1]),$$
$$f''(w) < 0 \quad (w \in [0, 1]).』$$

このような $f(u)$ に対し，次の4つの問題を考える．

初期値問題：次のような $u(t, x)$ をもとめることである．

(5.30) $$\begin{cases} \dfrac{\partial u}{\partial t} = \Delta u + f(u), & (t, x) \in [0, \infty) \times R^s, \\ u(0, x) = u_0(x) \geqq 0, & x \in R^s. \end{cases}$$

初期値境界値問題：Ω を R^s のなめらかな境界をもつ領域として次のような $v(t, x)$ を求めること．

(5.31) $$\begin{cases} \dfrac{\partial v}{\partial t} = \Delta v + f(v), & (t, x) \in [0, \infty) \times \Omega, \\ v|_{\partial \Omega} = 0 & (\partial \Omega \text{ は } \Omega \text{ の境界}), \\ v(0, x) = v_0(x) \geqq 0, & x \in \Omega. \end{cases}$$

非線型境界値問題：Ω は上のものとして，次のような $w(x)$ を求めること．

(5.32) $$\begin{cases} -\Delta w = f(w), & x \in \Omega, \\ w|_{\partial \Omega} = 0. \end{cases}$$

線型境界値問題：Ω は上述のものとして，適当な λ に対して φ を求めること．

$$(5.33) \quad \begin{cases} -\Delta\varphi = \lambda\varphi, & x \in \Omega, \\ \varphi|_{\partial\Omega} = 0, & \varphi \not\equiv 0. \end{cases}$$

(5.33) をみたす．λ を固有値とよぶが，その最小のものを λ_0 とし，そのときの 0 でない解を $\varphi_0(x)$ とする．$\|\varphi_0(x)\|_{L^2(\Omega)} = 1$ と標準化しておく．

以上の 4 つの問題に対し，次の結論が得られている．

結論

1°. $\lambda_0 \geq f'(0)$ の場合：
　（ⅰ）$0 \leq w < 1$ であるような (5.32) の解は $w \equiv 0$ のみである．
　（ⅱ）$0 \leq v_0(x) < 1$, $v_0(x) \not\equiv 0$ なるとき，$t \to +\infty$ のとき (5.31) の解 $v(t, x) \to 0$, $x \in \bar{\Omega}$（一様に）.

2°. $\lambda_0 < f'(0)$ の場合：
　（ⅰ）$0 \leq w < 1$ であるような $\not\equiv 0$ でない解 $w(x)$ がただ 1 つ (5.32) には存在する．
　（ⅱ）$0 \leq v_0(x) < 1$, $v_0(x) \not\equiv 0$ のとき，(5.31) の解は $t \to +\infty$ のとき一様に
$$v(t, x) \to w(x) \quad (x \in \Omega).$$

3°. V_r を半径 r の球として（R^s の中で考える）として，$\Omega_r \supset V_r$ としてなめらかな境界の列を考える．これを Ω として (5.32) の問題を考えれば，その $\not\equiv 0$ なる解 $w_r(x)$ は任意の閉集合 K 上で一様に，
$$w_r(x) \to 1 \quad (r \to +\infty)$$
である．

4°. $0 \leq u_0(x) < 1$, $u_0(x) \not\equiv 0$ のとき，(5.30) の解 $u(t, x)$ については，任意の閉集合 K 上で，$t \to \infty$ のとき一様に $u(t, x) \to 1$ となる．

5°. 2° の（ⅱ）で特に $v_\delta(x) = \delta w(x)$ とおくと，
$$0 < \delta < 1 \Rightarrow v(t, x) \uparrow w(x) \quad (t \to +\infty),$$
$$\delta = 1 \Rightarrow v(t, x) \equiv w(x),$$
$$w(0) \not\equiv 0,\ 1 < \delta \leq \frac{1}{w(0)} \Rightarrow v(t, x) \downarrow w(x) \quad (t \to +\infty).$$

5.5 非線型拡散方程式の初期値問題の解の漸近挙動

6°. 更に $f(u)$ に仮定をつけくわえて,
$$f(w)=f'(0)(1-g^2(w))w$$
とかけた上に, 任意の $\tau, \eta \in [0, 1]$ に対し,
$$g^2(\xi)g^2(\eta) \geqq g^2(\xi\eta)$$
ならば, $w(x), \rho(t)$ をそれぞれ下の問題の解として

$$\begin{cases} -\Delta w = f(w), & x \in V_{R'}, \\ w|_{\partial V_{R'}} = 0, \end{cases}$$

$$\begin{cases} \dfrac{d\rho}{dt} = f(\rho), \\ \rho(0) = \rho_0, & 0 < \rho_0 < 1. \end{cases}$$

Ω_R は $V_{R'/g(\rho_0)}$ を含むものとすれば $v_0(x) \geqq \rho_0 w(g(\rho_0)x)$ より $v(t, x) \geqq \rho(t) w(g(\rho(t)) \cdot x)$ が, $(t, x) \in \{g(\rho(t))|x| \leqq R'\} \times [0, \infty)$ に対してでる.

6° は 4° を定量的に述べたものである.

以上の結果はすこし, 本書におさめるには程度をこすので, これらの結果を差分法で考えた三村昌泰の別証明を述べよう. 特別な簡単な場合にそれを述べる.

次の偏微分方程式と, 初期条件, 境界条件からなる初期値境界値問題を考えよう. $s=1$ の場合である.

$$(5.34) \qquad \frac{\partial u}{\partial t} = \frac{\partial^2 u}{\partial x^2} + a(1-u)u, \qquad a > 0,$$

$$(5.35) \qquad u(0, x) = u_0(x), \qquad 0 \leqq x \leqq \pi,$$

$$(5.36) \qquad u(t, 0) = u(t, \pi) = 0, \qquad t \geqq 0.$$

$u_0(x)$ は $[0, \pi]$ で連続とする.

ここで a は一つの助変数としておく, $f(u) = a(1-u^2)u$ とすれば, $f'(0) = a$ である.

(5.34) に対し次のような差分法を構成する. §5.4 と同じ記号を用いる.

$$(5.37) \qquad \frac{u^{n+1,j} - u^{n,j}}{k} = \frac{1}{h^2} T_+ T_- u^{n,j} + a\{(1-u^2)u\}^{n,j} - A(u^{n+1,j} - u^{n,j}).$$

ここで，$c=\max\{1, \max_{0\leq x\leq \pi} u_0(x)\}$ として，$A=a(3c^2-1)$ とおく．

こうしておくと，$0<u^{n,j}\leq c$ がすべての n,j について保証される．なぜなら，(5.37) をかきなおすと $\lambda\leq\frac{1}{2}$ のとき，次のようにかきなおされ

(5.37)′ $$u^{n+1,j}=\frac{P_h u^{n,j}+k[\{a(1-u^2)u\}^{n,j}+(3c^2-1)au^{n,j}]}{1+kA},$$

$0<u^{n,j}\leq c$ から k を十分小にとって $0<u^{n+1,j}\leq c$ がでる．なぜなら，$u^{n,j+1}$, $u^{n,j}$, $u^{n,j-1}$ のうち，すべてが1より大ならあきらかである．少なくとも一つが1より小であれば k を十分小にとることにより証明できる．

一方この差分法はつねに単調増加またはつねに減少である．なぜなら，(5.37)′ より，$0<u^{n,j}\leq c$ がすべての n,j に成立することを考慮して，

$$u^{n+1,j}-u^{n,j}=P_h(u^{n,j}-u^{n-1,j})+ka[(u^{n,j}-u^{n-1,j})\\ \times(1-(u^{n,j})^2-(u^{n,j})(u^{n-1,j})-(u^{n-1,j})^2+3c^2-1)]$$

によって $u^{n,j}-u^{n-1,j}\gtreqless 0$ にしたがって，それぞれ $u^{n+1,j}-u^{n,j}\gtreqless 0$ である．したがって，もし $u^{1,j}\geq u^{0,j}$ であれば，つねに $u^{n,j}$ は単調増加であり，$u^{1,i}\leq u^{0,1}$ であれば単調減少がつづく．

ここで初期条件，境界条件を差分法 (5.37) に対して，次のように設定する．

(5.38) $$u^{0,j}=u_0(jh), \quad j=0,1,\cdots,J\left(=\frac{\pi}{h}\right),$$

(5.39) $$u^{n,0}=u^{n,J}=0, \quad n=0,1,2,\cdots$$

として，上に述べた微分方程式の場合の結論 1°, 2° にあたることをしらべる．

そのために次の線型の固有値問題を考える．

(5.40) $$-T_+T_-\varphi^j=\lambda h^2\varphi^j, \quad j=1,\cdots,J,$$

(5.41) $$\varphi^0=\varphi^J=0.$$

まず，h を固定して考える．(5.40) は，

$$-\varphi^{(j+1)}+2\varphi^j-\varphi^{j-1}=\lambda h^2\varphi^j$$

とかけ，(5.41) を考えに入れたこの固有値問題の固有値は

5.5 非線型拡散方程式の初期値問題の解の漸近挙動

$$(5.42) \qquad \lambda_m = \frac{1}{h^2} 4\sin^2\left(\frac{mh}{2}\right), \qquad m = 1, 2, \cdots$$

であり，λ_m に対応する固有函数は

$$(5.43) \qquad \varphi_m{}^j = \sin(mjh), \qquad j = 1, 2, \cdots, J$$

である．(5.42), (5.43) が解であることは加法定理より明らかである．そこで最小の固有値

$$\lambda_1 = \frac{1}{h^2} 4\sin^2\left(\frac{h}{2}\right)$$

に注目し，2つの場合に分ける．

（i） $\lambda_1 \geq a \geq 0$ の場合．l を任意の正数として $u^{0,j} = l\sin(jh)$ とおく．そのとき $u^{1,j}$ を計算すると

$$u^{1,j} - u^{0,j} = \frac{\frac{k}{h^2} T_+ T_- u^{0,j} + k[a\{1-(u^{0,j})^2\}u^{0,j}]}{1+kA}$$

$$= \frac{-k\lambda_1 l \sin(jh) + kau^{0,j} - ka(u^{0,j})^3}{1+kA}$$

$$\leq 0.$$

よって，既にのべた，(5.37) の単調性により，$u^{n,j}$ は l は任意で単調減少列であり，その極限 ψ^j はある．ところがこれは次の非線型境界値問題の解であるしかも仮定より

$$(5.44) \qquad T_+ T_- \psi^j = h^2[a\{1-(\psi^j)^2\}\psi^j] \qquad (j=1, \cdots, J).$$

$\psi^j \not\equiv 0$ であれば，これをみたす ψ^j は存在しない．よって $\psi^j \equiv 0$ でなくてはならない．

（ii） $\lambda_1 < a$ の場合．l を次のようにとる．l_0 を $\lambda_1 l_0 = a(1-l_0^2)l_0$ なる最小のものとし，$0 < l < l_0$ とする．

今，$u^{0,j} = l\sin(jh)$ ととると，

$$u^{1,j} - u^{0,j} = \frac{\frac{k}{h^2} T_+ T_- u^{0,j} + k[a\{1-(u^{0,j})^2\}u^{0,j}]}{1+kA}$$

$$= -\lambda_1 kl\sin(jh) + ka[1-l^2\sin^2(jh)]l\sin jh]/1+kA$$
$$= kl\sin(jh)[-\lambda_1 l + al - al^3\sin^2(jh)]$$
$$\geqq k\sin(jh)[-\lambda_1 l + al - al^3] \geqq 0.$$

よってこの場合は $u^{n,j}$ は単調増加である．$0 \leqq u^{n,j} \leqq c$ であるから，上から有界，よって極限の ψ^j がある．この ψ^j は (5.44) の解である．$\lambda_1 < a$ なる場合この方程式の境界条件 (5.41) でのもとで，恒等的に0でない非負の解 ψ^j はただ1つある．よって $u^{n,j}$ は n を増すと増大してこの ψ^j に近づく．

よって，一般の初期値 $u^{0,j}$ の場合にも，次のようにまとめられる．

【もし，$0 \leqq a \leqq \lambda_1$ であれば，すべての非負の初期値 $u^{0,j}$ について，$\lim_{n\to\infty} u^{n,j} = 0$ であり，$\lambda_1 < a$ の場合任意の $u^{0,j} \geqq 0$，かつ $\not\equiv 0$ について，$\lim_{n\to\infty} u^{n,j} = \psi^j$ となる．】

この証明は初期値 $u^{0,j}$ に対して上のような特別な初期値 $l\sin(jh)$ を考えればよい．

以上のような論法は，単独方程式でなくても，たとえば原子炉の研究に現われる次の形の連立方程式，

$$\begin{cases} \dfrac{\partial U}{\partial t} = D\Delta U + f(U), \\ U|_{\partial\Omega} = 0, \\ U(0,x) = u_0(x), \quad (x \in \Omega). \end{cases}$$

ここで，D は対角行列であり，U は n 次のベクトル，Ω は2または3次元のある領域として，このような境界値，初期値混合問題も $f(U)$ に適当な（D と関連した）条件をつけることによって，単独方程式とおなじように $U=0$ の安定性などが論じられるのである．

文　　献

[1] G. Boole : A treatise on the calculus of finite differences. Cambridge, 1860.
[2] 森下正明：The fitting of the logistic equation to the rate of increase of population density. Researches on Population Ecology VII-1, 1965.
[3] 岡村　博：微分方程式序説（数学ライブラリー 14）．森北出版，1969．
[4] M. Frommer : "Über das Auftreten von Wirbel und Strudel in der Umgebung rationaler Unbestimmtheitsstellen". Math. Ann., **109**, 345—424, 1934.
[5] Vito Volterra : Leçon sur la théorie mathématique de la lutte pour la vie. Gauthier-Villars, Paris, 1931.
[6] Harrary Norman and Cartwright : Structural Models. Wiley, 1965.
[7] G. R. Gavalos : Non linear differential equations of chemically reacting systems. Springer, New York, 1968.
[8] E. H. Kerner : Further considerations on the statistical mechanics of biological associations. Bull. Math. Biophysics, 21, 1959.
[9] 伊藤清三：偏微分方程式（新数学シリーズ 26）．培風館，1968．
[10] 溝畑　茂：偏微分方程式論．岩波書店，1965．
[11] 山口昌哉，野木達夫：数値解析の基礎—偏微分方程式の初期値問題（現代の数学 28）．共立出版，1969．
[12] A. N. Kolmogorov, I. G. Petrowsky and M. Piscounoff : Etude de l'équation de la diffusion avec croissance de la quantité de matière et son application à un problème biologique, Bull. de l'Univ à Moscou, 1937.
[13] 亀高惟倫：非線型拡散系について．Computation and Analysis Seminor Japan, **2**, 3, 1970. 10.
[14] 三村昌泰，亀高惟倫，山口昌哉：On a certain difference scheme for some semilinear diffusion system. Proc. Japan. Acad., 57, 4, 1971.
[15] 三村昌泰：On the Cauchy problem for a simple degenerate diffusion system. Publi. R. I. M. S. Kyoto Univ. Ser. A, 5, 1, 1969.
[16] 三村昌泰：A remark on a semilinear degenerate diffusion system. **Proc. Japan. Acad.**, **45**, 8, 1969.

[1]はブール代数で有名なブールが差分法の専門家として書いた本で，微分法と差分法がどう違うかということを本書の §1.2 で述べた例について書いてある．おもしろい本である．

　[2]は京都大学森下教授の論文で，本書 §1.4 に述べた．ロジスティック方程式の解が満足する差分方程式を見出された珍しいものである．

　[3]は常微分方程式の初期値問題の解の一意性(本書 §2.3)についての徹底した研究を初等的に説明されている名著である．

　[4]は §2.10 に紹介したが渦心点の場合の研究で，たいていの特異点の研究を書いた本には省略されているが，本書では特にこれを重視して紹介した．

　[5]は第3章の内容であって，ボルテラの名著である．本書におさめた内容のほかには，履歴をともなう現象についての定式化もある．ボルテラはこの研究を水産学者ダンコナの問いに答えるためにはじめた．

　[6]は第3章の中で，各所で述べた「組合せ論的グラフの理論」についての初等的解説書である．

　[7]は化学反応論にあらわれる非線型常微分方程式および偏微分方程式の理論で珍しい本である．

　[8]はボルテラの研究の延長としての最近の研究で生態学の数学的研究について，いくつかの試案をのべている．

　[9]は熱方程式がその特殊な場合である2階放物型方程式の数学的理論の解説書であって，本書第5章のような研究の基礎として役立つ．

　[10]は標準的な現代的偏微分方程式論の教科書であって，本書第5章の連立の場合の局所解の存在などはこの本にしたがって研究がはじまるべきである．

　[11]はほとんど線型であるが，一般的に非定常なプロセスを記述する偏微分方程式の初期値問題の差分解法についての理論的解説書である．

　[12]は古典的な研究で，集団遺伝学のある場合についてきわめて数学的な研究がなされている．

　[13]，[14]，[15]，[16]はいずれも最近の著者の周囲でなされた研究であり，本書第5章に一部を紹介した．

索　引

ア　行

アスコリ-アルツェラ(Ascoli-Arzela)
　の定理　19
鞍状点　30, 34, 37

閾　値　15
一意性　18, 24

えじき　66
mサイクル　123
延長可能性の定理　21

カ　行

解
　　——の存在　18, 19
　　——の爆発　14
化学行列　135, 139
重ね合わせの原理　14
渦状点　31, 37
渦状量　58
渦心点　32, 37
渦　線　50
渦　動　59

結節点　29, 34, 37

コーシー(Cauchy)の折れ線　2
個体群　1
孤立系　134

コンサーバティブ(conservative)　122, 128
　　——な群集　121

サ　行

初期値問題　18, 138
　　——の解　18, 140
食物連鎖　85
自律系　26
振動が減衰的である　92

正規に0に近づく　105
漸近的な極限をもつ　92
漸近平均値　94

タ　行

第1積分　89

ディシパティブ(dissipative)　126
　　——な群集　121, 126

同等有界　19
同等連続　3, 19
当量仮説　83
閉じた系　134

ハ　行

反対称行列式　97

比較定理　144, 160

非減衰的な振動　92
開いた系　134

不正規に0に近づく　105, 114, 116
不正規に $t\to +\infty$ のとき0に近づく
　　105, 115

ペアノ(Peano)の定理　19
平均の保存の法則　71, 93
平衡値　64
平衡点　88
変化有界　92, 113
ベンディクソン(Bendixon)の定理　38

ポアンカレ(Poincaré)
　——の指数　41, 42
　——の問題　54
星型結節点　30, 37
捕食者　66

マ　行

マルサス(Malthus)係数　1
マルサスの法則　1

無限振動　92

ラ　行

ロジスティック(logistic)方程式　9

著者略歴

山口　昌哉
（やま ぐち まさ や）

1925 年　京都に生れる
1947 年　京都帝国大学理学部卒業
　　　　　元京都大学教授・理学博士

基礎数学シリーズ 11
非線型現象の数学　　　　　　　　　　　　　定価はカバーに表示

1972 年 2 月 15 日　初版第 1 刷
2004 年 12 月 1 日　復刊第 1 刷
2013 年 11 月 25 日　　　第 4 刷

著　者　山　口　昌　哉
発行者　朝　倉　邦　造
発行所　株式会社　朝　倉　書　店
　　　　東京都新宿区新小川町 6-29
　　　　郵便番号　　１６２－８７０７
　　　　電　話　　０３(3260)０１４１
　　　　ＦＡＸ　　０３(3260)０１８０
　　　　http://www.asakura.co.jp

〈検印省略〉

© 1972　〈無断複写・転載を禁ず〉　　　中央印刷・渡辺製本

ISBN 978-4-254-11711-0　C 3341　　Printed in Japan

JCOPY　〈(社)出版者著作権管理機構 委託出版物〉

本書の無断複写は著作権法上での例外を除き禁じられています．複写される場合は，そのつど事前に，(社)出版者著作権管理機構（電話 03-3513-6969，FAX 03-3513-6979，e-mail: info@jcopy.or.jp）の許諾を得てください．

好評の事典・辞典・ハンドブック

数学オリンピック事典 野口　廣 監修 B5判 864頁

コンピュータ代数ハンドブック 山本　慎ほか 訳 A5判 1040頁

和算の事典 山司勝則ほか 編 A5判 544頁

朝倉 数学ハンドブック［基礎編］ 飯高　茂ほか 編 A5判 816頁

数学定数事典 一松　信 監訳 A5判 608頁

素数全書 和田秀男 監訳 A5判 640頁

数論＜未解決問題＞の事典 金光　滋 訳 A5判 448頁

数理統計学ハンドブック 豊田秀樹 監訳 A5判 784頁

統計データ科学事典 杉山高一ほか 編 B5判 788頁

統計分布ハンドブック（増補版） 蓑谷千凰彦 著 A5判 864頁

複雑系の事典 複雑系の事典編集委員会 編 A5判 448頁

医学統計学ハンドブック 宮原英夫ほか 編 A5判 720頁

応用数理計画ハンドブック 久保幹雄ほか 編 A5判 1376頁

医学統計学の事典 丹後俊郎ほか 編 A5判 472頁

現代物理数学ハンドブック 新井朝雄 著 A5判 736頁

図説ウェーブレット変換ハンドブック 新　誠一ほか 監訳 A5判 408頁

生産管理の事典 圓川隆夫ほか 編 B5判 752頁

サプライ・チェイン最適化ハンドブック 久保幹雄 著 B5判 520頁

計量経済学ハンドブック 蓑谷千凰彦ほか 編 A5判 1048頁

金融工学事典 木島正明ほか 編 A5判 1028頁

応用計量経済学ハンドブック 蓑谷千凰彦ほか 編 A5判 672頁

価格・概要等は小社ホームページをご覧ください．